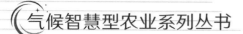

气候智慧型农业系列丛书

U0394626

我国气候智慧型作物生产
主体技术与模式

WOGUO QIHOU ZHIHUIXING ZUOWU SHENGCHAN
ZHUTI JISHU YU MOSHI

王久臣 吕修涛 熊红利 陈 阜 编著

中国农业出版社
北 京

图书在版编目（CIP）数据

我国气候智慧型作物生产主体技术与模式 / 王久臣
等编著. —北京：中国农业出版社，2020.12（2021.6 重印）
（气候智慧型农业系列丛书）
ISBN 978-7-109-27600-0

Ⅰ.①我… Ⅱ.①王… Ⅲ.①气候变化－影响－作物
－栽培技术－研究－中国 Ⅳ.①S31

中国版本图书馆 CIP 数据核字（2020）第 236074 号

中国农业出版社出版
地址：北京市朝阳区麦子店街 18 号楼
邮编：100125
丛书策划：王庆宁
责任编辑：黄　曦
版式设计：王　晨　　责任校对：吴丽婷
印刷：中农印务有限公司
版次：2020 年 12 月第 1 版
印次：2021 年 6 月北京第 2 次印刷
发行：新华书店北京发行所
开本：787mm×1092mm　1/16
印张：8.25
字数：150 千字
定价：39.80 元

本书编写委员会

主　　编：王久臣　吕修涛　熊红利　陈　阜

副 主 编：王全辉　王积军　王　航　石祖梁

编写人员（按姓氏笔画排序）：

万克江　马　琨　王　航　王久臣　王全辉

王积军　石祖梁　冯宇鹏　吕修涛　刘　芳

刘　哲　刘　灏　孙杨承　杨　美　杨午滕

陈　阜　周　阳　贺　娟　黄　洁　梁　健

熊红利

序 | PREFACE

每一种农业发展方式均有其特定的时代意义，不同的发展方式诠释了其所处农业发展阶段面临的主要挑战与机遇。在气候变化的大背景下，如何协调减少温室气体排放和保障粮食安全之间的关系，以实现减缓气候变化、提升农业生产力、提高农民收入三大目标，达到"三赢"，是 21 世纪全世界共同面临的重大理论与技术难题。在联合国粮食及农业组织的积极倡导下，气候智慧型农业正成为全球应对气候变化的农业发展新模式。

为保障国家粮食安全，积极应对气候变化，推动农业绿色低碳发展，在全球环境基金（GEF）支持下，农业农村部（原农业部，2018 年 4 月 3 日挂牌为农业农村部）与世界银行于 2014—2020 年共同实施了中国第一个气候智慧型农业项目——气候智慧型主要粮食作物生产项目。

项目实施 5 年来，成功地将国际先进的气候智慧农业理念转化为中国农业应对气候变化的成功实践，探索建立了多种资源高效、经济合理、固碳减排的粮食生产技术模式，实现了粮食增产、农民增收和有效应对气候变化的"三赢"，蹚出了一条中国农业绿色发展的新路子，为全球农业可持续发展贡献了中国经验和智慧。

"气候智慧型主要粮食作物生产项目"通过邀请国际知名专家参与设计、研讨交流、现场指导以及组织国外现场考察交流等多种方式，完善项目设计，很好地体现了"全球视野"和"中国国情"相结合的项目设计理念；通过管理人员、专家团队、企业家和农户的共同参与，使项目实现了"农民和妇女参与式"的良好环境评价和社会评估效果。基于项目实施的成功实践和取得的宝贵经验，我们编写了"气候智慧型农业系列丛书"（共 12 册），以期进一步总结和完善气候智慧型农业的理论体系、计量方法、技术模式及发展战略，讲好气候智慧型农业的中国故事，推动气候智慧型农业理念及良好实践在中国乃至世界得到更广泛的传播和应用。

作为中国气候智慧型农业实践的缩影，"气候智慧型农业系列丛书"有较强的理论性、实践性和战略性，包括理论研究、战略建议、方法指南、案例分析、技术手册、宣传画册等多种灵活的表现形式，读者群体较为广泛。既可以作为农业农村部门管理人员的决策参考，又可以用于农技推广人员指导广大农民开展一线实践，还可以作为农业高等院校的教学参考用书。

气候智慧型农业在中国刚刚起步，相关理论和技术模式有待进一步体系化、系统化，相关研究领域有待进一步拓展，尤其是气候智慧型农业的综合管理技术、基于生态景观的区域管理模式还有待于进一步探索。受编者时间、精力和研究水平所限，书中仍存在许多不足之处。我们希望以本系列丛书抛砖引玉，期待更多的批评和建议，共同推动中国气候智慧型农业发展，为保障中国粮食安全，实现中国 2060 年碳中和气候行动目标，为农业生产方式的战略转型做出更大贡献。

编　者

2020 年 9 月

前言 FOREWORD

　　为强化气候智慧型农业技术集成与推广，提高农田固氮减排和气候变化适应能力，推进农业绿色高质量发展，农业农村部农业生态与资源保护总站和全国农业技术推广服务中心针对水稻、玉米、小麦、大豆等四类作物，在全国范围内征集了一批作物生产固氮减排与气候适应型技术模式，共征集到来自全国25个省（市、自治区）的技术模式100余项。经专家组筛选并分类，形成五大类35项气候智慧型农业集成技术模式，现汇编成册，供相关专业技术人员、科研人员以及生产经营主体等学习参考。

　　本书在编写过程中，得到了各级农技推广机构和有关科研院校专家的大力支持，在此表示衷心感谢。书中难免有错漏之处，恳请各位读者批评指正。

编　者

2020 年 9 月

目 录 CONTENTS

第一类
作物气候适应与防灾减灾技术模式

第一节　东北春大豆防灾减灾与气候适应性技术模式

一、技术背景

东北春大豆种植区作为我国最主要的大豆生产基地，由于受自然气象灾害（干旱、涝害、低温和雹灾等）影响，年际间单产波动幅度较大。在"三垄"栽培技术的基础上，本技术以"宽台大垄"为载体，进一步整合最新研究成果，研发集成了"大豆宽台大垄匀密高产栽培技术"模式，可有效应对自然气象灾害对大豆生长和产量的不利影响，促进大豆稳产和高产。

二、技术要点

（一）干旱及防灾减灾技术

在东北春大豆区，干旱主要发生在播种期、花期和鼓粒期。

1. 播种期干旱的应对措施

（1）宽台大垄利于保墒。秋季翻耕后起宽台大垄地块，播前适时镇压，有助于蓄存降水；而前茬为宽台大垄未经秋整的地块，可采用原垄卡种技术，减少土壤水分蒸发，提高播种质量。

（2）适期早播。耕层温度稳定在 7℃ 时即可播种，充分利用"返浆水"对种子萌发的积极作用。同时注重播种与镇压的衔接，土壤墒情较差时应随播随压。

（3）良种选择。选择抗旱、适应能力强、产量潜力大、市场认可度高的大豆品种，充分利用当地推广种植多年的抗旱骨干品种，避免跨区种植。

（4）种子处理。经过纯度和发芽率检测合格后，先后采用晒种和药剂（或种衣剂）处理大豆种子，药剂或种衣剂需根据当地病虫害发生特点有针对性地选择。

（5）物理与化学保水。一是采取地膜覆盖措施，减少土壤蒸发；二是使用土壤保水剂；三是采用有机无机物质如氯化钠、黄腐酸、乙醇胺、植物激素赤霉素等拌种，促进干旱胁迫下大豆种子萌发；四是使用抗蒸腾剂如低浓度甲草胺、丁二烯酸、高岭土等减少蒸腾失水；五是使用植物生长调节剂如矮壮素、烯效唑等促进根系生长，提高保水能力。

2. 花期和鼓粒期干旱的应对措施

（1）增施有机肥和钾肥。有机肥有利于土壤保水能力的提高，其中含有的维生素和抗生素可提高大豆抗旱能力。钾肥有助于大豆抗逆能力的提高。

（2）补水增墒。采取喷灌、微灌、渠道防渗、管道输水、膜上灌水等节水灌溉模式，减轻干旱对大豆生长的不利影响。

（3）及时除草。及时有效除草有助于减少大田耗水。

（4）中耕保墒。降水充足时通过深松提高土壤蓄水能力，干旱发生时通过疏松表土切断毛管水，减少土壤水分蒸发。

（二）涝害及防灾减灾技术

大豆是耐涝性较差的作物，涝害经常导致根系腐烂、落花落荚、植株凋亡，导致减产甚至绝产。

1. 大豆播种及苗期涝害的应对措施

（1）起垄筑台。结合秋季整地起垄筑台，垄沟深度 25cm 左右，低洼地适当加深。

（2）及时排水。采用排水机械或人工挖排水沟及时排出田间滞水，做到雨停垄台干爽。

（3）及时查田补苗。涝害时间过长会造成死苗现象，要及时补种或者重种。

2. 大豆花荚期涝害的应对措施

（1）深松培土。通过深松、增施有机肥、秸秆还田等方式扩大土壤水库容积，通过培土提高垄台，加快土壤水分散失。

（2）增施速效肥。涝害发生后及时喷施磷酸二氢钾、硼酸、尿素或氨基酸叶面肥，补充营养。待大豆恢复生长后，酌情通过根部增施磷、钾肥，提高大豆抗倒伏能力。

（3）喷施化控剂。若大豆生长过于旺盛，应喷施烯效唑、缩节胺等化控剂控制营养生长，防止倒伏和落花落荚。

（4）防治病虫害。涝害过后，根腐病、霜霉病和炭疽病等多种病害容易发生，需要及时喷施多菌灵等药剂防治；蚜虫、豆荚螟、食心虫等虫害发生的可能性增加，可喷施高效氯氰菊酯、螺螨酯、吡虫啉等药剂防治。

（三）低温及防灾减灾技术

大豆低温主要发生在播种期、苗期、花期和鼓粒期。

1. 大豆播种期低温的应对措施

（1）品种选择及播期。选用耐低温品种；土层 5cm 处温度稳定超过 7℃为宜，不宜过早。

（2）种子处理。一是播前晒种，增强种子活力；二是药剂拌种或种子包衣（如促进型生长调节剂），增强种子抗性。

（3）增施有机肥和磷肥。有机肥可促进微生物分解有机质产生的热量，使土壤颜色加深增加土壤吸热力，使土壤疏松降低土壤热容量，土温增温快；增施磷肥可提高大豆抗低温能力。

（4）覆膜种植。地膜提高土壤吸热能力，减少散热，有保温防冻作用。

（5）熏烟。当气温降到作物受害的临界温度时，用秸秆、树叶、杂草等作燃料，选在上风向点火，慢慢熏烧，使地面笼罩一层烟雾，可提高近地面的温度 $1\sim2℃$。

（6）中耕松土。对黏重紧实土壤进行中耕松土来提高土温，有利于提高土壤空气热容量，减少表土热量向下传导和下层土温上升，加快种子萌芽。

2. 大豆生长阶段低温的应对措施

（1）适时深松。通过深松提高土壤水分蒸发速率，降低土壤含水量，增加表层土壤温度。

（2）群体调控技术。建立以多效唑、噻苯隆、胺鲜酯、ABA 和褪黑素等化学调控物质为手段的大豆全生育期化学调控技术体系，提高大豆耐低温能力。

（四）冰雹及防灾减灾技术

冰雹一般为区域性偶发灾害，会对大豆造成机械损伤，引起严重减产或绝收。

（1）做好雹灾预报及预警。一是及时收听天气形势预报，根据本地区地形判断是否有雹灾发生；二是注意本地各气象要素的变化情况，推测雹灾发生的可能性；三是参考群众经验加以判断。

（2）人工防雹。一是用高炮将装有碘化银的弹头发射到冰雹云的适当部位；二是用飞机在云层播撒碘化银药剂；三是地面爆炸催化，准确地识别雹源，将炸药包放在低凹处，进行地面爆炸催化。

（3）加强对遭受雹灾农作物的田间管理。受雹灾后，若大豆顶端生长点没有萎蔫，植株还留有部分叶片，可采用增加中耕次数、及时追施速效肥的方法恢复大豆生长；大豆恢复生长后，再酌情进行根部施肥；雹灾较重的绝收地块，应立即改种其他早熟作物。

三、技术示范推广情况

（一）技术示范推广应用的领域、时间、地点、示范规模

本技术示范推广主要应用于东北地区春大豆生产区。2010 年作为黑龙江省推广课题技术内容开始在黑龙江省和内蒙古自治区东部地区进行示范推广，2010—2013

年推广面积 434.7 万亩，2015—2016 年推广面积 320.0 余万亩*，2017—2019 年累计推广 2 374.3 万亩，新增经济效益 112 491.6 万元。该技术获得了显著的经济、社会和生态效益，2020 年被黑龙江省农业农村厅推介为黑龙江省主推技术。

（二）技术示范推广应用于适应气候变化与防灾减灾等方面而产生的，增产增收情况和生态效益情况

本技术显著提高了大豆对自然气象灾害的抵御能力，解决了极端天气导致大豆落花落荚、倒伏和产量低的问题，对黑龙江省大豆生产的稳定、增量和提质增效发挥了重大作用；增加了大豆单产，提高了种植效益，提升了种植户技术水平和积极性，利于国家和省大豆产业振兴；降低农药和化肥的施用量，为黑龙江省的绿色生态和经济发展做出了贡献。

（三）获得的评价或鉴定情况，该技术或以该技术为核心的成果获得的科技奖励情况

鉴定专家认为，在推广宽台垄作栽培技术及大豆全程调控技术等方面有创新，具有广阔的推广空间。获得农垦总局科技进步一等奖。

四、未来推广应用的适宜区域、前景预测和注意事项

（一）技术适宜推广应用的区域

技术适宜推广应用于内蒙古自治区、黑龙江省、吉林省、辽宁省等春大豆生产区。

（二）未来推广前景预测

在机械化力量充足的国有农场或大型合作社应用，单产较传统栽培技术提高 5% 以上。

（三）技术推广应用中需要注意的事项

本技术推广应用中需对农户进行定期培训，以掌握本技术应用要点；宽台大垄种植需有配套农机具；应对极端自然灾害需有相配套药剂和农化技术服务。

技术负责人和依托单位

联系人：孔祥森

联系地址：黑龙江省大庆市龙凤区黑龙江八一农垦大学

联系电话：13836962619

电子邮箱：897389117@qq.com

---

* 亩为非法定计量单位，1 亩≈667m²。——编者注。

技术负责人：张玉先
联系地址：黑龙江省大庆市龙凤区黑龙江八一农垦大学
联系电话：13836962211
电子邮箱：zyx_lxy@126.com

第二节　华北地区麦玉增碳调墒抗逆轮耕技术

一、技术背景

大气温度升高、极端气候事件频发，气候变化已是不争的事实，这给全球农业的可持续发展带来了严重影响。我国农业生态系统比较脆弱，气候变暖的幅度也高于全球平均水平，由此引起的作物耕种期降水变率增大和茬口衔接期缩短是农田耕层干旱、渍涝、低温等逆境加剧的主要成因，作物生产也更为突出地受影响。因此，提高农业生产对气候变化的适应能力，尤其是灾害应对能力，才能维持主粮作物持续稳定增产，保障国家粮食安全。

小麦和玉米是我国重要的粮食作物，小麦-玉米一年两熟制是黄淮海平原主要的种植制度，占该区作物播种面积的80%以上。由于气候变化，近年来黄淮海夏玉米和冬小麦耕种期降雨量分别减少了14.5%和35.9%。加上当前秸秆还田方式导致农田表层土壤耕作困难、有机碳含量下降等问题，影响出苗和作物产量。耕层轮耕扩容蓄水、秸秆还田增碳调墒等措施可降低耕层土壤容重，提高总孔隙度，增加耕层土壤水分含量和有机碳含量，提升作物应对耕层水热逆境的能力及作物系统对气候变化的适应性。

二、技术要点

（一）秸秆还田增碳保墒抗旱

1. 秸秆粉碎要求　小麦成熟后，用联合作业机械收获，同时将小麦秸秆切碎均匀抛撒到田间，秸秆切碎后的长度8~10cm，割茬高度20cm左右，漏切率小于2%。

玉米成熟后，用联合作业机械收获，同时将玉米秸秆切碎均匀撒到田间，秸秆切碎后的长度在3~5cm，割茬高度小于5cm，漏切率小于2%。

2. 周年轮耕组合　针对夏玉米耕种期降雨量减少，苗期易发生干旱等问题，使小麦秸秆留高茬覆盖还田保墒。采用免耕直播，减少了土壤扰动，保墒效果明显。

针对麦田长期浅旋耕造成的耕层变浅、土壤结构变差等，导致作物系统对气候变化的抗逆性变弱的问题，使玉米秸秆切碎深旋耕，埋茬还田，增碳调墒。采用深旋耕

2 遍，旋耕深度 15cm，将玉米秸秆还田于深层土壤，可以改善耕层土壤结构，降低土壤容重、提高土壤含水量和有机碳含量，减少了小麦苗期干旱的发生，提升作物系统应对气候变化的能力。连续 2～3 年旋耕的地块应该翻耕 1 次，耕深 25cm。

（二）抗逆品种选用

针对黄淮海平原干旱、高温等非生物逆境频发的情况，以耐迟播、耐干热的冬小麦品种和抗倒、籽粒脱水快的夏玉米品种为选用标准。选用品种经过国家或者省农作物品种审定委员会审定，并在当地得到试验示范。

（三）播前种子处理

在播前用种衣剂包覆于种子表面或用药剂兑水稀释后进行拌种，对种子表面进行处理，可以有效防治病菌和地下害虫的危害，同时能给种子萌发和幼苗生长提供营养，增强种苗的抗逆性。

（四）播种

1. 小麦适期晚播增密保苗 针对气候变暖的情况，小麦冬前积温升高导致小麦旺长、抗冻性降低等问题，在小麦生产中，小麦播种量按照小麦品种的分蘖成穗率特性而确定，并要适当晚播增密，以培育健壮的小麦个体，提高群体质量，减轻小麦冬前旺长，降低冻害的发生。

2. 玉米抢墒免耕早播 针对气候变暖下玉米播种期干旱频发、夏玉米茬口衔接紧张的问题，将耕整地、播种、施肥等作业过程一体化同时进行，减少了农田机械作业次数，既减少了土壤扰动，保墒效果明显，又提高了作业效率，可以适时早播。

（五）施肥

1. 小麦有机肥替代部分化肥改土抗逆 进行测土配方施肥，提倡增施有机肥，减施化肥，提高土壤保水能力和缓冲能力；合理施用中量和微量元素肥料，培育健壮个体，增强小麦抵御逆境灾害的能力。每亩总施肥量：商品有机肥 100～150kg，N 14～16kg，P_2O_5 6～7kg，K_2O 6～8kg，$ZnSO_4$ 1.5～2.0kg。上述总施肥量中，全部有机肥、磷肥、钾肥、微肥作底肥，氮肥的 50% 作底肥，第二年春季小麦拔节期再施余下的 50%。

2. 玉米缓控释肥增效减排 进行测土配方施肥，实行耕种肥一体化作业技术，将耕整地、播种、施肥等作业过程一体化。每亩施玉米配方缓控释肥 40～50kg，调整肥料在作物生长季节的释放模式，使其养分释放规律与作物养分吸收基本同步，以增加作物的吸收率和肥料利用效率，从而降低氧化亚氮排放。

（六）微喷灌溉节水节能减排

针对气候变化下小麦和玉米生育期降水偏少、水资源短缺等问题，根据小麦和玉米生长发育的需水特性，在关键生育期通过微喷灌的方法进行灌溉。小麦灌溉关键期为越冬期、拔节期和开花期，一般每次喷灌水量 30m³/亩。玉米生育期降水与生长需水同步，一般不需要进行灌溉。除遇特殊旱情（土壤相对含水量低于 50%）时，灌水 30m³/亩。

（七）小麦-玉米周年防灾抗逆技术

1. 小麦防灾抗逆

（1）防御倒伏。返青期及时对长势偏旺、群体过大的地块进行镇压，控旺转壮；或起身初期喷施壮丰胺等化学调控剂，缩短基部节间，防止后期倒伏。

（2）防御冻害。越冬期对土壤悬空不实或有旺长趋势的麦田及时镇压，并灌好越冬水，防御冬季冻害；返青、拔节期寒流过后，受冻地块及时追施速效氮肥、喷施叶面肥和生长调节剂进行补救。

（3）防御干热风。结合后期病虫害防治，每亩用尿素 1kg 和 0.2kg 磷酸二氢钾兑 50kg 水进行叶面喷肥，预防小麦干热风和早衰。

2. 玉米防灾抗逆

（1）排水降渍。玉米生育期遇连续降雨，要及时排出田间积水，苗期淹水时间不能超过 1d；生长后期积水时间不能超过 2d。

（2）防御倒伏。选用安全高效植物生长调节剂在玉米 8～10 叶期进行化控防倒。

（3）防御高温。抽雄、吐丝期遭遇高温天气，可采用叶面积穗部喷施甜菜碱等调节剂，并配合灌溉降温或人工辅助授粉进行防御；灌浆期遭遇高温天气，可进行及时灌溉或叶面喷施尿素、磷酸二氢钾水溶液或其他优质叶面肥防御。

（八）病虫害统防统治

针对气候变化下，病虫害加剧、防治技术不到位、施药效率低等问题，通过改变传统的分散防治方式，开展规模化统防统治，规范田间作业行为，可有效提升防控效果和效率，最大限度地减少病虫危害损失。

（九）适时机收抗灾减损

针对气候变化的情况，干旱、高温、暴雨等极端天气频发导致作物早衰落粒、遇雨穗发芽等问题，要根据品种类型、茬口衔接等，用机械适时完成作物收获，免受危害。玉米适当晚收，以苞叶变白、乳线消失、籽粒黑色层出现为标准；小麦以茎秆全部变黄，籽粒坚硬的完熟初期为标准。

三、技术示范推广情况

针对黄淮海气候干热的特征，以夏季小麦秸秆留高茬免耕覆盖和秋季玉米秸秆切碎深旋耕埋茬结合的增碳调墒为核心技术，集成耐迟播、耐干热的小麦品种和抗倒、籽粒脱水快的夏玉米品种，小麦迟播早发和密植减肥技术，玉米免耕保墒技术等，构建小麦-玉米周年秸秆还田耕作抗逆适应技术体系。新模式实现周年增产 6.2%～8.1%、水分利用效率提高 2.3%～5.7%、增收 7.5%～11.8%。在河南、河北和山东等地进行多年大面积示范验证，2016—2018年累计应用面积3 591.4万亩，累计增产小麦103.13万t，玉米129.06万t，周年新增经济效益38.33亿元。

中国农学会对以该技术为主要构成部分之一的科技成果进行了第三方评价，专家组一致认为：该技术创新了适应黄淮海干热化的，小麦-玉米周年秸秆还田耕作抗逆适应技术体系。该技术体系经济、生态、社会效益显著，整体达到国际先进水平。

该技术体系在农业农村部种植业管理司的"粮油绿色高质高效创建"等项目中得到了广泛应用，周年增产增效效果显著，促进了小麦和玉米的持续稳定增产；被农业农村部农业生态与资源保护总站列为农田生态建设项目和气候智慧型农业项目的重点推广内容，有力支持了我国农田生态建设和农田节能减排增效。

该技术体系在全球环境基金第五期和第六期等项目进行推广应用，同时也被编写入一些技术手册，并翻译成英文材料，被世界银行（WB）和联合国粮食及农业组织（FAO）在国外传播，得到了国际的普遍认可。

四、未来推广应用的适宜区域、前景预测和注意事项

（1）适宜区域。 适宜于黄淮海有水浇条件的小麦-玉米一年两熟区。

（2）前景预测。 当前，我国气候变化尤为显著，高温、干旱、极端降水等事件日趋常态化，对国家粮食安全构成了严重威胁。小麦-玉米周年秸秆还田耕作抗逆适应技术体系，为小麦-玉米一年两熟区粮食持续稳定增产和固碳减排提供了关键技术支撑。目前黄淮海小麦-玉米仅有50%农田实施了小麦秸秆留茬免耕覆盖和秋季玉米秸秆切碎深旋耕埋茬结合的增碳调墒技术，因此还有较大的推广应用潜力。

（3）注意事项。

① 要根据不同区域气候条件和病虫害发生特点，优化品种布局，分区域科学选用抗逆性优良作物品种；

② 小麦和玉米收获后，如果玉米秸秆量大，需要用单独的秸秆粉碎机粉碎1～2遍，然后再进行深旋耕整地。

技术负责人和依托单位

1. 推荐单位：中国农业科学院作物科学研究所
联系人：鲁玉清
联系地址：北京市海淀区中关村南大街12号
邮政编码：100081
电子邮箱：luyuqing@caas.cn

2. 技术负责人：郑成岩、张卫建、陈阜、熊淑萍、蒋向，韩伟、马新明、李向东、张强、张志勇、张俊、王策

依托单位：中国农业科学院作物科学研究所、中国农业大学、河南农业大学、河南省农业科学院、山东省农业科学院、山东省农业技术推广总站、河南省农业技术推广总站

联系地址：北京市海淀区中关村南大街 12 号

邮政编码：100081

联系电话：15810789930

电子邮箱：zhangweijian@caas.cn

第三节　江淮稻-麦周年绿色丰产高效抗逆减灾栽培技术模式

一、技术背景

针对江淮地区稻麦两熟茬口衔接难、秸秆还田壮苗难，以及资源利用不充分、肥水利用率低等问题，以"光温资源优化利用与减灾避灾协同"为主线，以农机农艺融合为突破口，创建了江淮稻-麦周年丰产高效抗逆栽培技术模式。

二、技术要点

(一)江淮地区水稻-小麦周年品种选配

按照优质、丰产指标和茬口衔接要求，水稻小麦品种选择应满足以下条件：一是优质，水稻要抗病、耐低温，米质达到二级以上，小麦要选择抗逆、抗（赤霉）病、抗穗发芽的优质专用型品种；二是生育期要适中，水稻选择早熟中籼和中熟中粳，全生育期在 160d 左右。小麦选择弱春性或春性品种，生育期在 215d 左右，确保上下季茬口紧密衔接；三是产量潜力要大，水稻品种产量潜力应＞700kg/亩，小麦产量潜力应＞450kg/亩。周年品种搭配选择中熟粳稻＋春性小麦品种，早熟中籼稻＋弱春性小麦。

(二)江淮地区水稻-小麦周年播栽方式

水稻采用毯苗或钵苗机插 2 种方式，毯苗在 5 月 15—25 日播种，钵苗在 5 月 10—20 日播种。采用工厂化旱育壮秧，流水线匀播（漏播率＜5%，均匀度＞90%）、稀播（毯苗 70~90g/盘（杂交稻）或 90~120g/盘（常规稻），钵苗 2~3

粒/钵（杂交稻）或 3～4 粒/钵（常规稻）；毯苗秧龄 20d±2d，钵苗秧龄 27d±3d 时栽插。

小麦田收获后精细耕整地，秸秆粉碎（≤10cm）后均匀铺撒在田表，撒施速效氮肥（每 100kg 秸秆增施 1kg 尿素）或用秸秆腐熟剂 2kg/亩；旱耕水整（反旋灭茬后上水整田）或水耕水整（上水泡田，1 次深旋耕埋茬，1 次浅旋整田）后耙匀平整田面（高度差 3cm 以内），适度沉实 2～3d 后薄水封田待插。

小麦采用高畦降渍种植。水稻高茬收获，留茬≥50cm，采用高茬还田施肥开沟高畦播种一体机作业，一次性完成旋耕、埋茬、施肥、做畦、播种等多道工序。播种后田间自然形成一条条高畦，畦面宽 1.7～2m，高 18～25cm，沟宽 25cm，畦平面高于原地面 2～3cm。播种深度 1～3cm，田间沟系发达，具有较强的排水降渍能力。

（三）江淮地区水稻-小麦周年播栽密度

1. 水稻的适宜群体　栽插密度在 1.4 万～1.5 万穴/亩为宜，每穴 2～3 株苗。栽插深度 1.0～1.5cm，漏插率≤5%，伤秧率≤5%，相对均匀度＞85%。毯苗机插行株距 23～25cm×10～13cm，钵苗机插行株距：27～33cm×12cm。

2. 小麦的适宜基本苗　10 月中下旬播种，基本苗 15 万～20 万/亩；11 月上中旬播种，基本苗 20 万～25 万/亩。若遇播期推迟、整地质量差、肥力水平较低则应加大播量。

（四）江淮地区水稻-小麦肥水管理

1. 水稻　基施水稻专用控失肥 N22 - $P_2O_5$13 - K_2O15 40～45（籼稻）或 45～50（粳稻）kg/亩，孕穗期（倒 2.5 叶期）追施氮钾（复合）肥（N23 - K_2O20）15～20kg/亩。基肥结合插秧采用一次性侧深施肥。

水稻采取阶段性间歇精确定量灌溉模式，开挖丰产沟，预埋水位监测管，浅水栽插，薄水护苗，多次放水露田，降低秸秆还田危害，80% 够苗烤田、中期间歇湿润灌溉，后期干湿交替，保根护叶防早衰；浅水（湿润）追肥等措施，加强水肥耦合，以水促肥。

2. 小麦　基施小麦专用控失肥 N23 - $P_2O_5$15 - K_2O12 45～50kg/亩，拔节孕穗期追施尿素 10～15kg/亩。基肥结合高畦降渍种植采用一次性基施。

小麦全生育期雨水偏多，机条播田块播种后，田间开好"三沟"（畦沟、腰沟、田边沟），遇连阴雨或较强降水时，应及时清沟沥水降湿防渍。小麦返青拔节期遇干旱应结合施肥补充灌溉，肥水耦合节水节肥。

（五）江淮地区水稻-小麦周年病虫草害绿色防控

1. 小麦　注重冬前化学除草，用 5% 唑啉·炔草酯 600mL＋20% 双氟·氟氯酯 45g/亩。冬前未能及时除草或草害较重的麦田，返青期及时进行化学除草。在小麦抽穗期，重点防治纹枯病、白粉病、赤霉病和锈病等病害以及红蜘蛛、蚜虫和吸浆虫等；中后期重视"一喷四防（防病、防虫、防倒、防早衰）"，加强赤霉病的防治，精准防控，减少损失。

2. 水稻 稻田杂草防控优先采用农业防控、生物防控，科学开展化学防控。化学防控以土壤封闭和芽前除草（3 叶前）为主，根据草相选择性使用除草剂。重点防控稻瘟病、稻曲病、纹枯病、螟虫、稻飞虱、稻纵卷叶螟等病虫害，优选农业防控（品种/健身栽培等）、理化诱控（性诱剂等）、生物防控（天敌/香根草等）以及物理控害技术（频振式杀虫灯/色板诱杀技术等）、生物农药制剂等绿色防控措施，结合总体开展化学防控。优先使用生物源农药和低毒安全高效控失农药，药械联用，提高用药效率。冠层病虫害推荐施用新型控失农药＋无人机飞防小容量高浓度精准用药模式，中下部病虫草害推荐新型控失农药＋担架式/自走式中大型大容量高压力农药喷施机械用药防控模式。

三、技术示范推广情况

2018—2019 年在江淮西部的安徽、河南信阳地区以及江淮东部的江苏示范应用 1 200 多万亩。

该技术模式周年增产稻麦为 45.4kg，每亩增收 114.8 元。每亩减少纯氮用量 2.0kg、纯磷用量 1.1kg、纯钾用量 1.4kg，节省肥料投资 23.2 元/亩。每亩节省用种子费用 10.0 元，每亩节省农药费用 5.5 元，每亩平均节省用工费用 86.0 元。该技术模式提高温度生产效率 3.9％～4.6％、提高光能生产效率 3.0％～6.1％、提高降雨量生产效率 3.9％～7.6％。

以该技术为核心的成果获得 2016—2018 年全国农牧渔业丰收奖合作奖。

四、未来推广应用的适宜区域、前景预测和注意事项

（一）适宜推广应用的区域

该技术适宜在江淮地区的安徽、江苏、河南稻麦两熟区推广应用，推广前景广阔。

（二）注意事项

高茬还田施肥开沟高畦播种一体机作业要求：配套动力 100 马力以上。作业前机具需调整到位。前后左右保持平衡，要根据土壤墒情调整好播种深度。匀速直线作业，确保作畦高度 18cm 以上。

水稻侧深施肥要求：适宜于机械侧深螺旋（风送）排肥作的插秧机，以及符合优质水稻生长发育的控释型（长效）复合肥。

技术负责人和依托单位

1. 推荐单位：安徽省农业科学院
联系地址：合肥市农科南路 40 号
邮政编码：230031
联系人：李东平
联系电话：13865995817
电子邮箱：dpli1010@163.com
2. 技术负责单位：安徽省农业科学院
联系地址：合肥市农科南路 40 号
邮政编码：230031
联系人：吴文革、孔令聪
联系电话：13955176826
电子邮箱：wuwenge@vip.sina.com

第四节　全国主产区冬小麦典型气候灾害防范技术模式

一、技术背景

"倒春寒"和干热风是我们冬小麦主产区典型的气候灾害。"倒春寒"是指在春季天气回暖的过程中，冷空气侵入，气温明显降低，因而对作物造成危害，主要发生在每年的 3—4 月。小麦拔节期穗分化处于雌雄蕊原基分化期，严重受冻会导致幼穗死亡，影响穗数，轻度受冻则影响小花的分化发育与结实，对粒数有一定的影响；孕穗期温度低于 1℃，易造成细胞不能正常减数分裂，小花发育异常而大量退化死亡，形成"全瞎穗"或"半截穗"，主要会影响平均每穗结实粒数；开花后，低温会主要影响粒重，受害小麦减产 10%～30%，重者达 50% 以上。本技术模式对于预防和和降低"倒春寒"对小麦产量造成损失起到重要作用。

小麦生长后期，常发生干热风灾害，导致小麦粒重降低，叶片加速衰老死亡。干、热、风三因素中，高温是诱发小麦叶片早衰的主要原因，其次是相对湿度和风速。干热风可分为轻级和重级两类，定义轻级干热风的气象指标是：日最高气温≥32℃，14 时相对湿度≤30%，风速≥2～3m/s；重级干热风的气象指标是：日最高气温≥35℃，14 时相对湿度≤25%，风速≥3m/s。一般认为，若同时出现气温≥30℃、相对湿度≤30%、风速≥3m/s 的气象条件，即为发生了干热风。轻级干热风会使小麦千粒重下降 1～3g，减产 5%～10%；重级干热风会使小麦千粒重下降 4～5g，减产 10%～20%。该灾害防范技术的实施，对于预防和降低干热风对小麦产量造成的损失、提高农户的经济收入以及对生态效益的提升起到重要作用。

二、技术要点

(一)"倒春寒"防范技术要点

1. 提早预防，分类管理　要提前做好"倒春寒"防控准备。如遇到低温天气，对已抽穗小麦主要通过根外喷施尿素或磷酸二氢钾及生长调节剂，减轻冷害影响；对缺墒和尚未抽穗的麦田，寒潮到来前提前灌水，改善土壤墒情，调节近地层小气候，缓冲降温影响，预防冻害发生。对土壤墒情较好、尚未拔节的麦田和土壤暄松的麦田进行镇压，弥补土壤缝隙，防止透风跑墒，同时控制旺长。

2. 以肥促长，分类补救　寒潮过后 2～3d，及时调查幼穗受冻情况，采取追肥、叶面喷肥等措施，分类施肥补救，促进恢复生长，争取小蘖赶大蘖、大蘖多成穗。对拔节期仅叶片受冻或主茎幼穗冻死率 10%以内的麦田，不必施肥；对冻死率 10%～30%的麦田，亩施尿素 5kg 左右；对冻死率 30%～50%的麦田，亩施尿素 7～10kg；对冻死率 50%以上的麦田，亩施尿素 12～15kg。对孕穗期前后的小麦，亩补施 3～4kg 尿素，或用 50kg 水兑尿素 750g 或磷酸二氢钾 150～200g，并加入适量生长调节剂混合喷施。拔节孕穗肥还需正常施用。

(二)干热风防范技术要点

1. 适时浇灌灌浆水　土壤墒情差的麦田，要在小麦灌浆初期浇水，以满足小麦灌溉生长对水分的需求，同时增加土壤湿度，改善田间小气候，提前预防干热风危害。

2. 喷施叶面肥或适量喷水　在小麦灌浆初期和中期，向植株各喷一次 0.2%～0.3%的磷酸二氢钾溶液，能提高小麦植株体内磷、钾浓度，增大原生质黏性，增强植株保水力，提高小麦抗御干热风的能力。同时，可提高叶片的光合强度，促进光合产物运转，增加粒重。将杀虫剂、杀菌剂与磷酸二氢钾（或其他的预防干热风的植物生长调节剂、微肥）等混配施用，可实现"一喷三防"，即一次施药可达到防病、治虫、防干热风的目的。干热风来临前，每亩喷 3～5m³ 清水，也可起到降低干热风危害的作用。

三、技术示范推广情况

本技术适用于我国各冬小麦产区。近 5 年，在全国冬小麦主产区累计示范规模 5 000 万亩。技术多年的实施，对于降低自然灾害发生所造成的损失、提高农户的经济收入以及对生态效益的提升起到重要作用。

四、未来推广应用的适宜区域、前景预测和注意事项

本技术适宜在全国冬小麦产区推广应用，涉及面积3.2亿亩以上。近些年，小麦"倒春寒"的影响范围广，持续时间长。部分灌溉设施较差的麦田受干热风的影响也较大。本技术模式推广实施后，每年将挽回2 000万亩以上的小麦损失。小麦遭遇"倒春寒"后，抵抗能力下降，此时要特别注意病虫害的预防。

技术负责人和依托单位

联系人：全国农业技术推广服务中心粮食处　吕修涛

联系地址：北京市朝阳区麦子店街20号楼6楼608室

联系电话：010－59194508

电子邮箱：lxttao@agri.gov.cn

技术（单位）负责人：全国农业技术推广服务中心粮食处　梁健

联系地址：北京市朝阳区麦子店街20号楼6楼608室

联系电话：010－59194509

电子邮箱：liangjian@agri.gov.cn

第二类
农田土壤固碳与地力提升技术模式

第一节　砂姜黑土区小麦地力提升与持续丰产综合栽培技术

一、技术背景

砂姜黑土是黄淮海三大中低产土壤类型之一，主要分布于安徽、河南、山东和江苏等省份，其中安徽分布面积最大。长期以来，砂姜黑土结构性差、易旱易涝、适耕期短、养分匮乏、有机质含量低，土壤生产力低下；加之区域地处南北过渡性气候带，干旱、冻害、赤霉病等自然灾害及病虫害频发，一直制约该区小麦稳定增产。该技术主要针对砂姜黑土"旱、涝、僵、瘠"不良属性和区域灾害频发的过渡性气候，以"地力-产量"双提升为总体目标，通过增施有机质和增加耕层深度来改善土壤理化属性、提升基础地力生产能力；选用半冬偏冬性品种适期早播，适应气候条件和种植制度变化，实现温光资源高效利用；通过化控与群体调控技术的结合防倒伏，解决高产群体过大的及抵御生育后期灾害性天气常发；通过地力提升与肥料运筹防早衰，应对区域常见的干热风和脱肥对粒重的影响。该技术的推广应用，对农民增收、资源利用率提高与绿色农业可持续发展会起到积极推动作用。

二、技术要点

（一）核心技术

1. 砂姜黑土地力提升技术　安徽省农科院作物所通过持续 38 年的砂姜黑土定位培肥试验，明确了土壤有机质、全氮和有效磷是砂姜黑土区小麦产量的关键肥力因子。针对砂姜黑土有机质含量低、质地黏重等不良属性，增施有机物料，提高土壤基础肥力，可以实现有机肥替代化肥，减少化肥施用量。

基于区域作物秸秆资源和有机肥源现状，耕整地前采用秸秆直接还田、秸秆堆腐还田、秸秆过腹还田及有机肥培肥等技术模式，亩产 500～600kg 产量水平下，具体操作分别为（1）秸秆直接还田模式：前茬秸秆全量粉碎还田，亩配施 N 16～18kg、P_2O_5 5～7kg、K_2O 5～7kg；（2）秸秆堆腐还田模式：腐熟秸秆 300～400kg/亩，亩配施 N 15～17kg、P_2O_5 6～7kg、K_2O 5～6kg；（3）秸秆过腹还田模式：腐熟牛粪 600～700kg/亩，亩配施纯 N14～16kg、P_2O_5 5～6kg、K_2O 6～7kg；（4）有机肥模式：秸秆离田条件下亩施优质商品有机肥 100～150kg（或土杂肥 1 000～1 500kg），亩配施 N 14～16kg、P_2O_5 5～6kg、K_2O 6～7kg。有机物料、磷钾肥一次性基施，氮肥基追比例 3：2～1：1，追肥时期为拔节期。或在以上有机物料投入的基础上，基施小麦专用新型保持性肥料（26-10-9）50kg/亩，拔节期追尿素 5～7.5kg/亩，灌浆期结合"一喷三防"增施叶面肥。

2. 机械化耕播技术　区域小麦播种期间干旱频发及砂姜黑土耕性差、适耕期短、耕层浅等严重影响耕播质量，据安徽省农科院作物所研究，"一耕一耙"的机械作业方式具有较好的增产保墒和提高土壤通气性的效果。每隔 2～3 年，深耕埋茬一次，打破犁底层（深耕 20～25cm），增加耕层厚度，改善土壤蓄水保肥能力。秸秆还田地块，前茬作物收获时应选用加装粉碎、匀抛装置的联合收获机械，秸秆粉碎长度小于 10cm，均匀抛撒。粉碎长度若不达标，选用灭茬机灭茬。灭茬后使用大中型拖拉机配套的铧式犁深耕翻埋秸秆，将秸秆翻埋在 15cm 土层以下，旋耕耙压 2 遍，旋后即播；或选用旋耕、施肥、播种、镇压复式作业一体机，行距 20～23cm，播种深度 3～5cm，播种时随种随压，未带镇压装置或镇压不实的田块要在小麦播种后及时镇压。土壤墒情较差或镇压不实时，播后应使用专用镇压器进行重新镇压。播后墒情不好及时补墒。

（二）配套技术

1. 选用适宜品种　基于区域近 30 年来的气候变化趋势及近年自然灾害发生特点，结合秋季早茬作物种植面积的扩大及小麦品种适应性，宜选用多穗型至中间型丰产多抗型半冬性或半冬偏冬性优质中强筋或强筋小麦品种，这样既可通过适期早播充分利用 9 月有效降雨，解决适播期内干旱和 20～30d 的温光资源浪费问题；又可发挥此类品种抗寒性强的特性，减少冬春冻害的影响；还可利用其分蘖力强的特性，弥补砂姜黑土耕性差导致缺苗断垄、穗数不足的缺点。此外，本地区赤霉病、倒伏、穗发芽等发生较频繁，应考虑选用抗（耐）赤霉病及穗发芽的品种。

2. 足墒适期适量播种　小麦种子包衣或者药剂拌种可有效防治多种苗期病虫害。未经包衣的种子，选用 27％苯醚·咯·噻虫嗪悬浮种衣剂拌种，小麦全蚀病发生严重田块，选用 12％硅噻菌胺悬浮种衣剂拌种。播种前若墒情不足，提前浇水造墒，整地后立即进行播种。为充分利用 9 月有效降雨，中北部播期以 10 月 8—15 日为宜，北部和南部相应提前或推迟 3～5d。适播期内，适宜播量 10～13kg/亩，播期推迟，适当增加播种量。

3. 科学田管

(1) 出苗到越冬期。出苗后及时查苗，发现缺苗断垄应及时催芽补种。冬前应重点做好化学除草，阔叶草选用 20% 氯氟吡啶酯，或 3% 双氟磺草胺等；禾本科选用 4% 啶黄草胺，或 20% 啶黄草胺·氟氯吡啶酯等；避开低温、干旱、降雨等恶劣天气施药。遇旱及时灌溉补墒，确保小麦正常生长水分需求和安全越冬。旋耕播种、秸秆还田或旺长麦田，冬前机械镇压，保苗安全越冬。

(2) 起身到抽穗期。群体过大田块或抗倒伏能力差的品种，拔节前适时化控。拔节期重施拔节肥，一般在 3 月中下旬趁雨追施；本区冻害类型包括冬季冻害和春季低温冷害，以春季低温冷害影响最重。对于受冻地块及时追施氮素化肥和浇水。注意防治纹枯病、白粉病、锈病、麦蚜和麦蜘蛛等病虫害。

(3) 抽穗到成熟期。在小麦抽穗后至籽粒灌浆期，叶面喷施杀菌剂、杀虫剂、植物生长调节剂或叶面肥等混配液，通过一次施药达到防病、防虫、防早衰的目的，达到提高粒重的效果。近年来，赤霉病已由局部偶发病害转变成全局常发性病害，应重点防控，同时兼防白粉病、锈病、蚜虫、吸浆虫、干热风等。

三、技术示范推广情况

本技术适宜于砂姜黑土培肥与小麦高产高效生产。已在安徽省沿淮北地区大面积推广应用，小麦大面积平均增产 30~45kg/亩，增收 70~100 元/亩，节本 20~40 元/亩，土壤有机质明显提升；实现多年多点小麦亩产超 650kg，2019、2020 年分别创造了亩产 815.6kg 和 824.7kg 的安徽小麦高产典型。

2014 年 9 月 10 日，中国农学会组织的以中国工程院士陈温福教授为组长的专家组认为，该技术整体达到同类研究国际先进水平。2015 年 3 月 3 日，安徽省科技成果转化服务中心组织的以中国工程院院士赵振东研究员为组长的专家组认为，该成果总体达国内同类研究领先水平，其中砂姜黑土培肥技术的研究达到国际先进水平。以该技术为核心的成果获 2015 年度安徽省科技进步一等奖和 2016—2017 年度神农中华农业科技奖二等奖。

四、未来推广应用的适宜区域、前景预测和注意事项

(一) 适宜推广应用的区域
本技术适宜于黄淮海南部砂姜黑土区及生态条件相似地区示范推广应用。

(二) 未来推广前景预测
本技术在砂姜黑土地力提升、资源高效利用、小麦优质丰产高效等方面具有广阔的应用前景。

（三）推广应用中需要注意的事项

注意赤霉病的防控，"适时防治，见花打药"。普防赤霉病，需选用高效低残留且兼治小麦叶部病害的农药，注意轮换用药，延缓抗药性，提高防治效果；选择适宜的播种机械，例如播种量、施肥量控制精准，碎土、镇压效果好的复式作业机械，提高播种质量。

技术负责人和依托单位

单位名称：安徽省农业科学院作物研究所

联系地址：合肥市农科南路 40 号安徽省农科院作物所

技术负责人：曹承富

联系电话：18956048725

电子邮箱：caocfu@126.com

第二节　东北地区玉米秸秆腐熟还田技术模式

一、技术背景

全球气候变暖已成为不争的事实，如何采取有效措施以减少温室气体排放是应对气候变暖的关键。各国在积极探寻有效固碳减排途径的同时，越来越重视农业生态系统的固碳作用。秸秆直接或间接还田不仅能显著提高土壤有机碳储量，也能明显改善土壤有机碳的活性和质量，是提高农田固碳能力、促进农业可持续性的重要措施。据研究表明，与不施秸秆相比，秸秆还田显著提高了土壤有机碳含量，增幅为 4.0% ～ 20.7%，有机碳储量增幅为 0.2% ～ 14.7%。单季秸秆还田和双季秸秆全部还田情况下我国农田的净增排分别为 86.23 和 119.33Tg $CO_2 - C$ eqv yr^{-1}，其中华北，东北，及西南地区秸秆还田后可有效减排，减排潜力在 4.95 ～ 12.37Tg $CO_2 - C$ eqv yr^{-1}。

东北地区是我国重要的粮食主产区，每年秸秆产量达到 2 亿 t 以上。目前，秸秆还田是秸秆利用的重要途径之一，然而，东北地区一年一季栽培，作物收获后，气温低、温暖期短、秸秆还田配套装备不完善，造成秸秆直接还田当季不能完全腐解，产生有害气体侵害作物、粮食减产等现象。同时，秸秆中的带菌体、虫卵等一些病虫害，在秸秆直接粉碎过程中无法杀死，还田后留在土壤里，病虫害直接发生或者越冬后来年发生，农民不易接受。而玉米秸秆腐熟还田技术模式采用微生物强化发酵技术，加速了秸秆的腐解和矿化，不仅培肥地力、增加土壤有机碳库，而且能够减少秸秆直接还田产生的甲烷等温室气体的排放，起到固碳减排的作用。

二、技术要点

（一）选择腐熟场地

就近就便选择地头、休耕地或林带间空地等作为堆腐场地，以不影响当年或次年耕种为前提；同时综合考虑秸秆收集、运输和还田半径，一般每个堆肥场地辐射周边1～2公顷的玉米秸秆。

（二）确立腐熟还田模式

根据建堆和还田作业时间，东北地区玉米秸秆腐熟还田技术模式可分为秋堆春还、秋堆秋还和春堆秋还三种模式。

1. 秋堆春还　在秋天玉米收获后建堆，利用入冬前短暂温暖期启动发酵，次年整地2～3周前翻堆一次，保证发酵均匀，达到标准后还田。

2. 秋堆秋还　在秋天玉米收获后建堆，经过一整年堆腐，然后在次年秋整地时还田，期间可以翻堆1～2次。

3. 春堆秋还　在春天进行秸秆离田建堆，并于当年秋整地时还田，期间可以翻堆1～2次。

（三）建堆

利用挖掘机、铲车等机械将收集到的秸秆堆成底宽3m、上宽2m、高2m、长度不限的条形垛（打包成捆的秸秆需要破包并挑出打包线等杂物）。

（四）接种、调整水分和碳氮比

边建堆边进行接种、调整水分和碳氮比作业。液体剂型秸秆腐熟菌剂接种1%，粉剂接种0.1%。水分加入量相当于堆体秸秆总质量60%左右。应用尿素调整堆体碳氮比，加入堆体秸秆总质量1%左右尿素，要注意撒匀。

（五）腐熟度确认

采取"一看、二闻、三搓"等简易方法确认秸秆腐熟度。堆腐好的秸秆呈现棕褐色、秸秆表皮失去光泽、纤维呈现不规则断裂状；堆腐好的秸秆带有轻微的发霉味和新鲜的泥土味；堆腐好的秸秆失去韧性，用手一搓纤维即断裂。

（六）还田作业

利用有机肥抛撒机将腐熟秸秆均匀抛撒于土壤表面，然后结合整地翻入耕层，一般每亩可还田1t左右。

三、技术推广情况

该技术模式可以应用于黑土保护、有机肥替代、绿色种植等多个领域。自2016年以来，已经在黑龙江省哈尔滨、绥化、佳木斯20余个市（区、县）推广，累计应用面积30万亩以上，有效地培肥了地力，减少了化肥使用量，同时缓解了秸秆禁烧带来的压力，降低了大气污染物排放。

土壤碳库作为陆地生态系统最大的碳库，对全球的碳固定和碳平衡起着重要作用。秸秆腐熟还田不仅可以将秸秆转化为腐殖质类物质封存碳素、增加土壤碳含量，而且能够减少化学肥料的使用，据初步统计，还田1t腐熟秸秆可以替代尿素20kg、过磷酸钙5kg、硫酸钾35kg，减排二氧化碳200kg，减排二氧化硫8kg，节约用水1t。秸秆腐熟还田还能够改善土壤团粒结构、平衡土壤微生物区系、调节土壤微生态平衡，提高作物产量。

该技术模式得到了业内专家很高的评价，专家认为该技术模式设计科学合理，技术路线清晰，组装技术明确，可操作性强，填补了黑龙江省"秸秆生物腐熟还田"技术模式研究的空白，丰富了"秸秆腐熟还田"技术模式内容，为黑龙江省发展优质、高效、有机、绿色农业提供技术支撑。

四、未来推广应用适宜区域、前景预测和注意事项

（一）适宜区域
东北春玉米种植区域。

（二）应用前景
秸秆生物腐熟还田具有良好的经济效益和生态效益，是发展生态农业和保障农业可持续发展的重要措施。秸秆生物腐熟还田不仅可以有效解决秸秆焚烧问题，而且能够有效解决东北地区秸秆直接还田时不易腐解、易产生病虫害频发、当季作物减产等问题。同时，也是有机肥替代、黑土保护、绿色种植的重要技术保障，因此，秸秆生物腐熟还田技术具有广阔市场前景。

（三）注意事项
① 东北地区作物收获后气温较低，秸秆堆腐不易发酵，因此，需要充分利用作物收获后的短暂高温期快速建堆，接种秸秆腐熟菌剂加速秸秆的降解，保障秋季秸秆堆肥能够在低温条件下腐熟越冬，保障次年秸秆腐熟还田。

② 需要根据不同生态区的耕作习惯，采用适宜的堆肥模式、规划合理的堆肥地点，从而不影响下茬作业。同时，与秸秆直接还田相比，秸秆生物腐熟还田成本较高，因此，该项技术要与黑土地保护、土壤改良、绿色种植等制度有机结合，才能提高农户经济收入。

③ 秸秆堆肥质量直接影响秸秆生物腐熟还田的效果，也直接影响该技术模式的固碳减排效果，因此，需要根据秸秆堆肥进程适时翻堆，避免秸秆堆肥过程中厌氧发酵，产生硫化氢、甲烷等气体污染环境。

技术负责人和依托单位

技术（单位）负责人：刘杰
联系地址：黑龙江省哈尔滨市南岗区科研街9号
联系电话：0451-87505293，13351681677
电子邮箱：liujie1677@126.com

第三节　辽西玉米秸秆覆盖免耕二比空种植技术

一、技术背景

辽西地区包括阜新、朝阳、锦州、葫芦岛四市以及盘锦部分地区，耕地面积约2 600万亩，其中65%种植玉米，总产达690万t，占辽宁省玉米总产的45%，可对保障辽宁省粮食安全起到"压舱石"的作用。辽西地区光热资源丰富，玉米光温生产潜力达2 000kg/亩，国家重点研发计划"辽宁春玉米粳稻密植抗逆丰产增效关键技术研究与示范"项目组2019年在辽宁省朝阳市建平县创造了东北地区玉米亩产最高记录（1 347kg）。但由于区域降水少且不均、土壤较为瘠薄，区域玉米平均单产相对不高，光温资源未得到高效利用。

为了稳定并提升辽西地区的玉米单产水平，针对玉米生产中的突出问题，以抗逆丰产增效为核心，构建了辽西玉米秸秆覆盖免耕二比空（即玉米种植二垄空一垄的栽培方法）种植技术模式，破解了"秋水"春用、土壤耕地质量提升、秸秆覆盖免耕全机械化种植等技术难题。该技术模式的要点在于，秋季玉米收获后对农田进行深翻或深松，增加耕层厚度，这样可以缓解长期掠夺性生产对土壤耕层的影响。春播时将传统均匀垄种植调整为二比空种植，即种植2垄空1垄，株距由传统的33cm调整为22cm，保证种植密度不变。为应对秸秆粉碎后风力导致砌堆影响翌年播种等问题，秋收时关闭收割机具还田动力部分，秸秆在收割机的作用下顺垄覆盖于地表，不仅节约了近50%的机械动力，还保证了秸秆覆盖效果。收获后至播种前秸秆覆盖地表，不再进行任何农机作业。翌年春季在空垄两侧进行免耕播种作业，种植模式仍为二比空，以后每年均在上一年度的空垄两侧进行免耕播种，连续免耕3~5年可在窄垄进行一次深松作业，由此形成"种植条带"与"覆盖条带"年际间交替休耕，实现农田种养结合。

通过辽宁省阜新市阜蒙县阜新镇桃李村连续4年的定位试验，证明该技术模式可实现秸秆全量还田，在解决秸秆焚烧问题的基础上，减轻土壤风蚀，改善耕地质量，增加土壤含水量，提高玉米出苗率，稳定并提升玉米单产，降低机械耕种成本，实现了辽西玉米旱作生产中单产稳定提升、地力提升、生态改善等多重目标。

二、技术要点

(一)核心技术

1. 秸秆均匀覆盖还田 玉米收获后，秸秆（不需粉碎）均匀覆盖地表。如果采用机械收获，在收获作业的同时，将秸秆粉碎还田装置的动力切断，在收割机的作用下秸秆顺垄覆盖地表即可；如果采用人工站秆收获，收获玉米果穗后，秸秆可以压倒或不做任何处理。在秋后至播种前的农田休闲季，利用均匀覆盖的秸秆防蚀保墒。

2. 二比空种植 改变传统玉米垄作及均匀垄的种植习惯，采用"平作＋二比空"的种植方式，缩株距保密度，破解辽西传统小垄距（≤50cm）条件下秸秆全量覆盖还田农机通过性及低地温影响苗期生长的生产难题，实现全机械化耕种一体作业。

3. 病虫草害前移防控 尽量通过作物轮作等农艺措施防控病虫草害，玉米连作条件下，采取"苗前封闭为主、苗后触杀除草为辅"的策略防控杂草；玉米拔节封垄前，采用广谱、长效农药（如"氯虫苯甲酰胺＋苯醚甲环唑"等）防控以玉米螟及大斑病为主的病虫害。

(二)配套技术

1. 深松 有条件的地区建议由传统耕种转为免耕种植前进行一次秋季深松作业，除沙土地外，深松深度应≥25cm。连续免耕种植3～5年，秋季隔行深松一次，深松位置为当年种植条带，来年种植条带即比空垄不进行深松。

2. 浅埋滴灌 有灌溉条件的地区，建议同时使用浅埋滴灌技术。播种的同时，在两种植条带的窄垄中间随播种铺设滴灌带，通过及时补充灌溉可以稳定并提升玉米产量。

3. 秸秆集行 秸秆覆盖量较大或地温较低的冷凉区，可以在播种前1周进行秸秆集行作业，或采用前置集行的作业方式，一次性完成秸秆集行免耕播种作业。

三、技术示范推广情况

(一)技术示范推广应用的领域、时间、地点、示范规模

该技术模式主要应用于北方春玉米种植区，2020年在辽宁省朝阳、阜新等地区示范应用面积达1.2万亩。现已被列入"东北黑土地保护性耕作行动计划（2020—2025）"——辽宁保护性耕作十大主推技术模式之一。

(二)技术推广应用所取得的固碳减排、适应气候变化与防灾减灾等方面增产增收和生态效益情况

1. 减轻秸秆就地焚烧引起的 CO_2 排放 秸秆覆盖还田虽然增加了土壤 CO_2 的排

放通量，但综合考虑秸秆的利用方式，覆盖还田较传统秸秆就地焚烧可减少 43% 的 CO_2 排放量。

2. 减少化石燃料消耗引起的碳排放 采用免耕种植方式，减少了农机进地作业次数，每亩可减少柴油用量 2.0L 左右，仅此项每亩每年可减少化石燃料消耗产生的 CO_2 排放量 4.6kg。

3. 抑制土壤风蚀 以阜新地区为例，玉米收获后至播种前的 7 个月的农田空闲期间，全量秸秆均匀覆盖地表较传统耕种方式可减轻土壤风蚀 94%，有效缓解辽西地区的土壤风蚀造成的危害。

4. 保蓄农田土壤水分 秸秆覆盖处理的耕层土壤含水量在播种前较传统耕种方式提高 42% 以上，$1m^2$ 土体储水量较传统种植增加 26mm 左右，保障了辽西春旱频发地区玉米适期播种。

5. 稳定并提升玉米产量 通过连续 4 年的定位研究，免耕种植在雨水丰沛年份与传统种植方式下的产量无显著差异，干旱年份可提高玉米产量 15% 以上，在辽西地区呈现出"旱年增产、平年稳产、丰年不减产"的优势。

（三）获得评价或鉴定情况，该技术或以该技术为核心的成果获得科技奖励情况等

以该技术为核心的成果"辽西地区玉米少免耕种植关键技术与装备研究及应用"于 2018 年通过辽宁省农学会科技成果评价（辽农学评字〔2018〕28 号），2019 年获辽宁农业科技贡献一等奖。

四、未来推广应用的适宜区域、前景预测及注意事项

（一）技术适宜推广区域

该技术主要适宜于北方旱作春玉米区，湿润冷凉区建议采取必要的提升地温措施。

（二）未来推广前景预测

辽宁省在 2025 年前计划推广保护性耕作 2 000 万亩，该技术作为辽宁省保护性耕作的主推模式之一，可以实现连年全量秸秆覆盖条件下全机械化作业，满足辽宁各生态区高标准保护性耕作技术要求，应用前景广阔。

（三）技术推广中需要注意的事项

该技术适宜于规模化作业，对小面积且土地归属情况较复杂地区，注意空垄位置引起的邻里纠纷。另外，连年全量秸秆覆盖还田需要关注病虫草害情况并提早防控。

技术负责人和依托单位

　　联系人：王辉
　　联系地址：辽宁省沈阳市沈河区东陵路 84 号
　　联系电话：024 - 31026131
　　电子邮箱：daozuosuowh@126.com
　　技术负责人：侯志研
　　联系地址：辽宁省沈阳市沈河区东陵路 84 号
　　联系电话：024 - 31024900
　　电子邮箱：houzhiyan@163.com

第四节　甘肃省盐碱地土壤改良综合技术

一、技术背景

　　土地盐碱化是一个世界性问题，广泛分布于全球干旱、半干旱区的 100 多个国家和地区，我国是盐碱化危害最为严重的国家之一，尤其是西北地区的甘肃、宁夏、新疆等省区都不同程度被盐碱化危害。甘肃省河西及沿黄灌区，受水资源过度开发和不合理利用所致，土壤盐碱化面积逐年增加、程度不断加重，是甘肃省盐碱地主要分布区域。据调查，甘肃省盐碱地面积近 2 100 多万亩，其中盐碱耕地 500 万亩以上，盐碱荒地 1 600 多万亩。甘肃省盐碱耕地占全省耕地总面积的 6％以上。其中轻度盐碱耕地 223.1 万亩（占国土二次调查耕地总面积的 2.7％）、中度盐碱耕地 184.4 万亩（占国土二次调查耕地总面积的 2.2％）、重度盐碱耕地 91.0 万亩（占国土二次调查耕地总面积的 1.1％）。

　　盐碱地是由于自然或人为的原因，使地下潜水位升高，矿化度增加，气候干旱，蒸发增强而导致的土壤表层盐化或碱化过程增强，表层盐渍化或碱化度加重的现象。其形成实质主要是各种易溶性盐类在地面作水平方向与垂直方向的重新分配，从而使盐分在集盐地区的土壤表层逐渐积聚起来。在干旱、半干旱地区，底层土和地下水中所含的盐分，由于地面蒸发作用，随着土壤毛细管作用使含盐分的水上升到地表层，水分蒸发后，使盐分留在土壤表层聚集。针对盐碱地形成的原因，我省开展试验研究和土壤监测，通过提升土壤缓冲能力，有机质含量，以及加速淋盐等措施，根据不同区域、不同流域、不同盐碱化发生程度，将农艺措施、生物措施、化学措施、工程措施相结合，采取不同的治理改良模式。

二、技术要点

盐碱地一般有低温、土瘦、结构差的特点。有机肥经微生物分解、转化形成腐殖质，能提高土壤的缓冲能力，并可和碳酸钠作用形成腐殖酸钠，降低土壤碱性。土壤调理剂能够降低土壤 pH，改善土壤理化性质，与有机肥配施能够达到事半功倍的效果。加深耕层，能加速淋盐，防止返盐，增强保墒抗旱能力，改良土壤的养分状况，深耕应注意不要把暗碱翻到地表。

通过"增施有机肥＋施用土壤调理剂＋深松耕"等土壤改良综合培肥技术，从而降低土壤含盐量，改善土壤理化性状、增加土壤有机质、培肥地力、调节水肥利用，达到轻度盐碱地改良培肥的目的。

在春播前深松耕整地与有机肥施入相结合，施入有机肥（或腐熟后的农家肥）做基肥，根据土壤肥力情况施用商品有机肥 150～300kg，或腐熟后的农家肥 1 000～3 000kg。土壤调理剂根据不同产品特点按照产品要求施入土壤。

三、技术示范推广情况

（一）技术示范推广情况

2018—2019 年结合耕地质量提升项目在甘肃省靖远县、景泰县、古浪县、永昌县、金塔县、玉门市、瓜州县、民乐县、甘州区、高台县、临泽县、凉州区、甘肃农垦等地实施盐碱地改良示范，示范面积 40 万亩左右。

（二）技术推广应用的效益情况

通过该技术的实施，盐碱区域耕地理化性质有所改善，土壤容重平均降低 1％～2％，有机质含量提升幅度为 5％左右，土壤 pH 降低 0.02 个单位左右，阳离子交换量（CEC）增加幅度为 5％左右，全盐含量降低幅度为 10％～20％。作物产量有所提升，平均亩增产量 100kg 左右，亩均增收 80 元，亩减少化肥用量 10kg，亩均减少化肥支出 12 元左右，亩均节本增收 120 元左右。

通过项目实施，减少了土层结构破坏，维持了良好的土体团粒结构，流失减少，保持了水土。提高土壤抗旱能力，防止沙化，提高水、肥、气、菌的涵养能力，增强土壤活性，进一步提高了土壤肥力基础，可以更好地培肥地力。土壤有机质提高，化肥使用量减少，化肥利用率提高，相应地减少了过量或盲目使用化肥造成的养分流失，减少了对地表水和地下水的污染；通过大面积推广使用商品有机肥和土壤调理剂，减少了速效氮肥的投入，也就减少了化肥厂的氮肥造成的污染，对基本农田保护和建设无公害、绿色农产品具有十分重要的作用；通过提升土壤有机质含量，农作物生长健壮，增强了抵抗病虫害的能力，农药施用量减少，有效地控制农业面源污染。

（三）获得评价情况

1. 商品有机肥实施效果评价　一是对土壤理化性状的影响。通过对甘肃省10个监测点理化性状的检测分析，与基础地力比较，施用商品有机肥使土壤有机质、N、P、K等肥力指标均有不同程度的改善，与未施用商品有机肥相比，土壤有机质、N、P、K养分含量增加，土壤含盐量、土壤容重略有下降。土壤有机质平均提高0.8g/kg，提高幅度4.65%；土壤pH平均降幅在0.02个单位；土壤容重平均降低0.06g/cm³，降低1.65%；土壤全氮平均增加0.038g/kg，增幅3.87%；土壤有效磷平均增加1.2mg/kg，增幅6.81%；土壤全磷平均增加0.03g/kg，增幅1.39%；土壤速效钾平均增加8mg/kg，增幅8.6%；土壤全钾平均增加0.54g/kg，增加幅度在2.11%；土壤CEC平均增加0.2cmol[①]/kg，增幅5.4%。土壤全盐量平均降低0.23g/kg，降幅7.2%。二是对作物产量的影响。通过田间试验、示范及监测点效果表明，施用商品有机肥能明显提高作物产量，对培肥地力，减少耕层含盐量，减少化肥用量有重要作用。在项目区增施商品有机肥能明显提高小麦、玉米等作物产量，在增施商品有机肥后，小麦产量增幅在8.3%，玉米田增幅在17.5%。

2. 土壤调理剂实施效果评价　一是对土壤理化性状的影响。通过对10个监测点理化性状的检测分析，施用土壤调理剂能降低碱性土壤pH，增加土壤有机质含量，提高土壤养分，降低土壤容重，增加土壤团聚体。与施用土壤调理剂前土壤的基础地力相比，施用土壤调理剂能明显改善土壤理化性状，有机质、氮、磷、钾养分含量增加，pH、土壤全盐量、容重能有效下降。土壤有机质平均提高0.21g/kg，提高1.22%；土壤pH降低0.28个单位；土壤容重平均降低0.03g/cm³，降幅0.8%；土壤全氮平均增加0.012g/kg，增幅1.67%；土壤有效磷平均增加0.2mg/kg，增幅2.43%；土壤全磷平均增加0.02g/kg，增幅2.77%；土壤速效钾平均增加9mg/kg，增幅4.47%；土壤缓效钾平均增加13mg/kg，增幅2.24%；土壤全钾平均增加0.31g/kg，增幅1.46%；土壤CEC平均增加0.3cmol/kg，增幅7.3%；土壤全盐量平均降低0.4g/kg，降幅4.59%。二是对作物产量的影响。通过田间试验、示范及监测点效果表明，施用免申耕土壤调理剂能明显提高作物产量。在项目区施用土壤调理剂能明显提高小麦、玉米等作物产量，在增施后，小麦产量增幅在5.5%，玉米产量增幅在11.8%。

四、未来推广应用适宜区域、前景预测和注意事项

（一）技术适宜推广应用的区域

甘肃省河西及沿黄灌区的靖远县、景泰县、古浪县、永昌县、金塔县、玉门市、瓜州县、民乐县、甘州区、高台县、临泽县、凉州区、甘肃农垦及农林场适宜开展

---

①　1cmol＝0.01mol（编者注）。

"增施有机肥＋施用土壤调理剂＋深松耕"技术模式的改良盐碱地。

(二)未来推广前景预测

近年来，在农业生产上农民为了节省农业劳动力，偏施化肥现象严重，造成了大面积土壤板结和大幅水土流失，使土壤有机质含量降低，微生物分解活动大大减弱，导致土壤中氮、磷、钾的速效养分含量降低，直接降低了土壤的肥效，间接增加化肥施用量，增加生产成本，降低了种植效益。轻度盐碱地改良培肥技术通过"有机肥＋土壤调理剂＋深松耕"的模式，围绕增加土壤有机质、降低土壤盐碱含量，降低生产成本，提高作物产量，改善作物品质等措施，增强农民有机、无机肥配合施肥的意识，实现耕地养分的投入产出平衡，在逐年提高单产的同时，使土壤肥力得到不断提高，达到培肥土壤、提高耕地综合生产能力的目的。因此该技术项目对促进我省粮食增产、农业增效、农民增收具有十分重要的意义和广泛的推广应用前景。

(三)技术推广应用中需要注意的事项

有机肥的选用要严格按照肥料标准要求，且取得农业农村部的肥料登记证。

农家肥必须进行无害化处理（腐熟）后方可施入土壤。

土壤调理剂要依照生产企业相关标准执行，必须取得农业农村部颁发的肥料登记证，以用于盐碱地改良，调碱类水剂。

技术负责人和依托单位

单位名称：甘肃省耕地质量建设保护总站
联系人：高飞
联系电话：0931－8655767
电子邮箱：gbzgjk@163.com

第五节　黄淮海秸秆粉碎还田固碳培肥技术模式

一、技术背景

伴随着集约化农业的发展，农药、化肥等农业投入品过量使用，秸秆、畜禽粪便等农业废弃物随意排放，以及农作制度不合理等导致的土壤退化、水土流失、面源污染、农业源温室气体排放增加以及农产品质量下降等一系列生态环境问题和经济问题。集约化农业的高投入、高产出、高劳动生产率，带来了资源高消耗、环境高污染、生态高破坏，已经直接或潜在威胁人类健康、生存环境和农业的可持续发展。探求农业高产、优质、高效、生态、安全的可持续农业发展技术成为当前农业科技面临的重大课题。

该模式基于黄淮海地区小麦-玉米轮作种植制度，在小麦收获季节，利用带有秸秆粉碎还田装置的联合收割机将小麦秸秆就地粉碎，均匀抛撒在地表，直接免耕播种玉米。在玉米收获季节，用带有秸秆粉碎还田装置的联合收割机将玉米秸秆粉碎，在秸秆表面施秸秆腐熟剂，同时配合施用有机肥，然后采用大马力深松或深翻机进行深松或深翻，最后利用小麦旋播机播种小麦。

二、技术要点

（一）秸秆精细化还田技术

① 使用大马力玉米联合收割机将玉米秸秆切碎至长度小于 5cm。

② 增施氮肥，调节碳氮比，解决冬小麦因微生物争夺氮素而黄化瘦弱的问题。秸秆粉碎后，在秸秆表面每亩撒施尿素 5～7.5kg。

③ 配施 4kg/亩的有机物料腐熟剂，可以加快秸秆腐熟进度，使秸秆中的营养成分更好更快地释放，从而培肥地力。

④ 每亩增施商品有机肥 100kg，对培肥地力提高土壤有机质含量取得优质高产效果明显。

⑤ 深耕深松 30cm 以上，打破犁底层，创造小麦适宜的生产环境。据研究，小麦 $80\%～90\%$ 的根系主要分布在 0～40cm 土层，其中在 0～20cm 土层内的根系占到总根量的 $60\%～70\%$。小麦要高产，耕作深度就要大于 20cm。

⑥ 配方施肥，足墒播种，播后镇压，沉实土壤。

（二）配套技术

1. 深耕深松技术　利用深松机或多功能深耕机械，耕作深度 30cm 以上，深松后土质上实下松，配合镇压，提高土壤固碳潜力和涵养水分能力，增加土壤水肥持续均衡的供应能力。

2. 小麦种肥同播技术　通过小麦种肥同播机械，在播种的同时，使肥料精准投放在距离种子侧下方 5cm 的位置，将小麦种子和高效控释肥一次性施入土壤，种子和肥料混在一起，直接为种子发芽及生长释放养分。

3. 有机无机肥配施技术　建立有机肥无机配施技术配方，按照一定比例配施有机无机肥，玉米秸秆全部还田每亩增施有机物料腐熟剂 4kg，增施商品有机肥 100kg/亩，另外增加中低产田每亩 15kg、高产田 18.33kg 的氮肥施入量。

三、技术示范推广情况

（一）技术示范推广应用的领域、时间、地点、规模

该模式适宜于一年两熟制小麦-玉米轮作区，要求光热资源丰富，在秸秆还田后

有一定的降雨（雪）天气，或具有一定的水浇条件；同时要求土地平坦，土层深厚，成方连片种植，适合大型农业机械作业。

（二）技术推广应用所取得的固碳减排、适应气候变化与防灾减灾等方面的增产增收和生态效益情况

该技术在山东齐河县大力推广，累计实施面积 40.60 万亩。玉米秸秆还田后每亩可减施化肥约 12kg，全县每年节约化肥 4 872t，玉米单产平均可提高 35kg，同时提升了耕地质量，促进土地综合生产能力和可持续发展能力的提高，确保粮食高产和粮食安全，秸秆利用率达到了 90% 以上。

为推广这一技术，齐河县新增购置小麦宽幅种肥同播机、玉米单粒三位立体施肥精播机、玉米籽粒收机械等新型农业机械 200 余台（套），购置 6 000t 有机肥和 1 600t 控释肥，补贴发放到绿色增产模式攻关示范区，引导农民科学施肥，提升耕地质量。

（三）获得的评价或鉴定情况

以该技术为核心的"华北集约化农田循环高效生产技术模式研究与应用"，获 2010—2011 年度中华农业科技奖二等奖；"城郊环保型高效农业关键技术研究与应用"，获 2014 年天津市科技进步奖二等奖；"现代高效生态农业技术集成创新与示范推广"，获 2016—2018 年度农牧渔业丰收奖一等奖。在山东齐河构建的集约化生态农田系统，2014 年被列为农业部六大现代生态农业模式。在此基础上归纳总结的麦秸覆盖＋玉米秸秆全量粉碎还田技术被农业部遴选为"秸秆农用十大模式"之一，并向全国推介发布。

四、未来推广应用的适宜区域、前景预测和注意事项

（一）技术适宜推广应用的区域
该技术适宜黄淮海地区小麦玉米轮作区。

（二）未来推广前景预测
黄淮海地区是全国最大的玉米集中产区，玉米播种面积约 747 万公顷，约占全国玉米面积的 32%。因黄淮海地区土壤退化、水土流失、面源污染、农业源温室气体排放增加等生态环境问题普遍，该技术在山东、河北、天津等地都得到了大面积的应用。未来，随着国家农业绿色发展、乡村振兴等的不断推进，该技术将获得更广阔的应用空间。

（三）技术推广中需要注意的事项
带病的秸秆不能直接还田，应该喷洒杀菌药以减少病菌越冬基数，也可用于生产沼气或通过高温堆腐后再施入农田。

技术负责人和依托单位

1. 单位名称：山东省农业环境保护和农村能源总站

联系地址：济南市工业北路 200 号

邮政编码：250100

联系电话：0531 - 81608085

联系人：王莉、李德伟

电子邮箱：wangli75@shandong.cn

2. 单位名称：农业农村部环境保护科研监测所

联系地址：天津市南开区复康路 31 号邮政编码：300191

联系人：赵建宁、杨殿林

联系电话：022 - 23611820

电子邮箱：zhaojianning@caas.cn；cnyangdianlin@caas.cn

第六节　低纬高原山地玉米套种绿肥固碳减排技术模式

一、技术背景

玉米是云南山区主要粮食作物，关系到边疆民族稳定和粮食安全。云南籽粒玉米常年种植在 2 600 多万亩，其中 80% 以上分布在山区、半山区坡地。从气候条件来看，降水时空分布变化大，11 月至次年 4 月干旱少雨，降水量不到全年降水量的15%，而云南山地夏玉米的最佳播种时间主要在 3—5 月，常遭遇干旱的威胁，影响玉米出苗和苗期养分的补给；针对云南冬春气候季节干旱的实际，利用云南低纬高原山地夏玉米地冬闲的特点，在玉米抽雄灌浆期（8 月上中旬），在玉米行间用简易播种器将绿肥（光叶紫花苕）进行点播，使绿肥利用秋末玉米地土壤墒情和降雨量快速生长，实现了玉米与绿肥互补，套种绿肥、用地养地结合，达到抗旱节水、减少用工、减少农药和化肥用量、绿色可持续发展的目的，推进了山区、半山区旱地耕作制度改革，稳定地提高玉米单产，促进了农民增产增收；同时，通过玉米播种前绿肥旋耕还田技术，不仅提高了播种时的土壤墒情、保障玉米出苗率、增强玉米苗期的抗旱能力，而且有效改善土壤结构、增加土壤有机质含量、增加土壤有益微生物数量、改变土壤的容重和通透性、减少化学肥料的使用量，达到固碳减肥增效和提高玉米产量品质的目的。

二、技术要点

关键技术：高抗耐密绿色品种＋黑膜覆盖＋抗旱窝塘（W 形沟）播＋测土配方

施肥＋间种＋病虫害绿色防控＋套种绿肥。

1. 品种选择 选用生育期适中，抗灰斑病、大斑病和穗粒腐病，适应性广，株型紧凑，群体整齐，穗位适中，灌浆快速，成熟后苞叶松散，且适于机播机收的绿色品种。如靖单 15 号、靖玉 1 号、兴玉 3 号、川单 99、宣黄单 13 号、宣黄单 4 号、海禾 2 号、云瑞 999、金玉 2 号、华兴单 88 等。

2. 精细整地 绿肥收割后及时机械深松整地，使土壤上松下紧、表土平细，深松深度达 25cm 以上。

3. 抗旱窝塘或 W 形沟早播 雨季来临前，整地理墒，农家肥入地，并在墒面上打塘或开沟，整理成集雨窝塘或 U 形或 W 形沟。4 月 5 日前遇降雨及时抢墒播种，不降雨则等待雨水来临前 5 天内实行抗旱播种。最好 5 月后播种。

4. 黑膜覆盖、窝塘或 W 形沟覆土 使用幅宽 80～100cm、厚度符合国家标准的黑色地膜覆盖，可以有效控制杂草生长；或选用小四轮拖拉机带动覆膜机具覆膜，然后人工破膜播种、并在窝塘或 W 形沟上覆土，使播种塘或沟始终低于墒面，以利于露水或降雨聚集形成有效利用。

5. 测土配方施肥 采用测土配方施肥，提高肥料利用率和施肥效果。底肥亩施用农家肥 1 000～1 500kg，玉米专用复合肥 40～50kg。追肥应因地制宜，分二次进行，6～7 叶期，亩追施尿素 15～20kg；大喇叭口期，亩追施尿素 20～25kg。

6. 规范化间种 采用玉米间种马铃薯、豆类等。（1）玉米间种豆类，采用双行玉米间双行豆，播幅 130～140cm，大行 90～100cm，小行 40cm 左右，大行间 2 行豆。（2）玉米和马铃薯间作，各占 1.0m，行比 2∶2。

7. 病虫害绿色防控 发生病虫害时，有针对性选择高效低毒农药，组织专业化防治队伍统防统治，重点防治草地贪夜蛾、玉米螟、黏虫等。

8. 免耕套种绿肥培肥地力 在夏玉米乳熟期（8 月上中旬）在玉米行间免耕套种绿肥（光叶紫花苕或箭筈豌豆）。采用株距间点播，每亩光叶紫花苕种子 4～5kg，玉米收获后，及时清除田间玉米秸秆，使光叶紫花苕快速生长，形成全覆盖，减少冬季土壤水分蒸发。玉米套种绿肥（光叶紫花苕）鲜草产量可达 2 000～2 500kg/亩，连续轮作 2～3 年翻压光叶紫花苕，可减施化肥 15%～45%，玉米产量增加 10%～20% 以上，苕子糠每亩纯收益增加 800 元以上。同时，该技术模式每亩减施化肥 35kg，比普通种植（底施 15∶15∶15 玉米专用肥 50kg/亩，追施尿素 40kg/亩）施肥减量 38.89%；每亩减施化学农药 20g、减量 40%。按市场农资价格计，每亩节约农药约 15 元、节约化肥约 85 元，加上人工费，每亩节约成本共约 340 元。

9. 及时收获 玉米成熟后于晴天及时进行收获。果穗收获后不宜长时间堆放，应及时去苞叶晾晒和脱粒贮藏，以防霉变，确保丰产丰收。

三、技术示范推广情况

自 2015 年以来，在农业部农业（行业）科研专项和国家重点研发计划资助下，云南省把"山地玉米化肥农药减施增效栽培技术"作为高产创建的主推技术。经广大农技推广人员的示范推广，目前在全省中高海拔玉米产区广泛应用，特别是滇东北的曲靖、昭通，应用面积较大，每年都有万亩示范区创出 800kg 以上的高产典型。通过这一技术的推广，有效推动了旱粮生产方式的根本性转变，显著提高了玉米生产效益和水平，还促进了生产资源节约、生态绿色发展。近年来，在云南适宜区每年推广该技术 200 万亩以上。

该技术通过选用抗病耐瘠耐密玉米绿色品种，减轻玉米灰斑病和穗腐病的发生；采用黑膜覆盖抑制杂草和窝塘或 W 型集雨覆土抗旱栽培，减少芽后除草剂的使用每亩 15mL，每亩节约成本 7 元，每亩节水 1.5m³，亩减少破膜放苗用工，每亩节约投入 100 元；通过玉米乳熟期套种绿肥，用地养地相结合，以及实施绿肥及玉米秸秆过腹还田替代化肥等，每亩节约尿素 10kg，节约成本 25 元。

2015 年以来，全省每年推广该项技术 200 万亩，到 2020 年共推广 1 000 多万亩，共减少除草剂额使用 150 万 L，节约投入 7 000 万元，节水 1 500 万 m³，减少用工节约投入 10 亿元，减少尿素使用 10 万 t，增加效益 2.5 亿元。5 年共节约增效 13.2 亿元。经济效益、生态效益和社会效益显著。

四、未来推广应用的适宜区域、前景预测和注意事项

（一）技术适宜推广应用的区域
本技术适用于云南低纬高原山地夏玉米生产地区。

（二）未来推广前景预测
云南低纬高原山地玉米生产过程中，在保障产量的前提下，化肥减量减次，降低施肥成本（肥料和劳动力）、提高肥料利用效率，这是提升当地玉米产业竞争力的重要环节。夏玉米乳熟期行间套种绿肥（光叶紫花苕），翌年播种前翻压绿肥是实现化肥减量减次的重要技术手段，可以满足当前玉米生产的重要技术需求，有利于提高经济效益，降低成本与环境代价。同时，通过套种绿肥并翻压还田，有效改善土壤结构，提高土壤保肥保水能力，增加土壤有益微生物种群数量。云南低纬高原每年推广应用玉米套种绿肥 500 万亩左右，通过该项技术的推广应用每年可减少化肥用量 9 万 t，为云南高原特色农业发展提供有力技术支撑。

（三）技术推广应用中需要注意的事项
① 玉米套种绿肥（光叶紫花苕）的播种期应选择在 8 月中上旬（玉米乳熟期），播种量为 3～5kg/亩，以玉米株行距间穴播，充分利用秋末的土壤墒情，保证光叶紫

花苕出苗率。

②玉米收获后，应及时清除田间玉米秸秆，保障光叶紫花苕快速生长。

③翌年光叶紫花苕翻压时期应选择在玉米播种前（光叶紫花苕开花达 70％以上），采用中型以上旋耕机及时翻压，保障玉米播种前的土壤墒情。

技术负责人和依托单位

单位名称：云南省农业科学院农业环境资源研究所

联系地址：云南省昆明市盘龙区北京路 2238 号

联系电话：0871 - 65892205

联系人：何成兴、尹梅

电子邮箱：hechengxing69@163.com；ymmay@163.com

第七节　西南旱地秸秆还田固碳保墒耕作技术

一、技术背景

秸秆还田是当前农业生产中一项固碳培肥、改良土壤、抑制蒸发、减施化肥、增产增效的关键措施。但是，在西南地形复杂、气候立体、旱地多熟种植条件下，存在秸秆腐解利用质量不高、影响下茬作物耕种及机械化程度低等问题，限制了秸秆还田技术在大面积生产中的推广应用。结合区域种植制度，以改土培肥、提高周年粮食产量和效益为目标，四川省农科院研究提出，以"规范种植、秸秆还田、适雨播种、减量施肥、综合防治"为关键的西南旱地秸秆还田固碳保墒抗灾耕作技术。经多年多点试验示范，该技术能满足西南丘陵和山地旱作生产需求，增产增收效果显著。

二、技术要点

（一）规范种植

因地制宜，选择适宜种植模式。坡耕地、小地块或间套作地块可选用"麦-玉-豆""麦-玉-薯"等多熟间套作种植模式，规范开厢，等高线种植。缓坡地、大地块或净作地块可选用"麦-玉""油-玉"等两熟净作种植模式，种植行距应与机收机具相适应。

（二）秸秆还田

1. 间套作田块　在规范间套作基础上，进行覆盖还田。采用人工收获，各作物收获后整秆就地覆盖还田；采用小型机具收获，各作物收获后秸秆粉碎就地覆盖还田。

2. 两熟净作田块 应选用具有秸秆粉碎功能的收获机一次性完成收获和秸秆粉碎，如无粉碎功能应在收获后及时采用秸秆粉碎灭茬机进行秸秆粉碎，秸秆粉碎长度应小于 10cm。秸秆粉碎后根据地块条件选择适宜旋耕机将秸秆旋埋，旋埋深度 8～15cm，旋埋合格率≥80％。

（三）适墒播种

及时灭茬整地，适墒播种。土壤相对含水量达到 60％以上，可采用人工或机播方式进行播种。机播时，选用微耕机作动力的小型播种机对较小、大坡度、间套作地块播种；选用中型拖拉机作动力的播种施肥机对较大、较平整、净作的地块播种。播种时将墒情控制在土壤相对含水量 60％～80％，可显著提高机播质量和效率。

（四）减量施肥

秸秆还田的前 2 年按照高产栽培要求进行肥料施用管理。第 3 年小麦磷、钾肥均作为底肥一次性施用 P_2O_5 和 K_2O 各 4kg/亩；无机纯氮施用总量 10～12kg/亩，其中 60％作为底肥，40％作为追肥在分蘖期借雨追施，较传统氮肥用量减少 30％以上。玉米磷、钾肥均作为底肥一次性施用 P_2O_5 和 K_2O 各 6kg/亩；无机纯氮施用总量 12～16kg/亩，其中 40％作为底肥，60％在大喇叭口期追施，较传统氮肥用量减少 20％以上。油菜、豆类作物按照高产栽培施化肥量的 80％投入。有条件的地区可推广应用控释肥，每亩一次性底施 60～80kg。

（五）综合防治

组织专业化防治队伍，采用背负式机动喷雾机、高效宽幅远射程喷雾机、高地隙喷药机械等植保机械，进行防治。小麦季主要的病害主要有条锈病、白粉病和赤霉病，在选用抗病品种的基础上，于拔节孕穗期进行"一喷多防"，用 20％的三唑酮即可防治白粉病和条锈病，赤霉病可以选用多菌灵、氰烯菌酯等在抽穗期喷雾防治。玉米季重点防治玉米螟、大螟、纹枯病、大小斑病、锈病等病虫害。灰斑病、穗腐病高发地区，种植感病品种的地块，大喇叭口期可采用扬彩（阿米西达或嘧菌酯）＋福戈喷雾，一次性将病虫害同步防治。油菜重点防治菌核病、根种病，可选用专用拌种剂或颗粒剂，在播种或移栽环节进行预防。

三、技术示范推广情况

（一）技术示范推广应用的领域、时间、地点、示范规模

"丘陵山地秸秆覆盖增墒耕作"技术曾被农业部和四川省列为农业主推技术之一。在 2015—2017 年该技术与其他相关配套技术在西南地区累计应用 3 738 万亩，新增粮食 118.12 万 t，获得经济效益 12.18 亿元，取得了显著的经济、社会、生态效益。

（二）技术推广应用所取得的固碳减排、适应气候变化与防灾减灾等方面的增产增收和生态效益情况

经过多年多点秸秆还田定位试验发现，秸秆覆盖还田处理能有效地提高旱地周年粮食产量，减少水土流失，提高降水利用率。周年降水利用率较传统生产模式提高9.3%，周年产量提高8.5%，其中玉米可以增产4.8%。秸秆覆盖还田还能显著提高土壤有机质含量，较传统翻耕能增加11.4%，固碳效果显著；此外，秸秆还田还能增加土壤全氮、全磷、全钾、碱解氮、有效磷和速效钾的含量，能培肥地力，可部分替代化学肥料，减施20%左右的化肥，达到增产的效果。

（三）获得的评价或鉴定情况等

农业部种植业管理司对秸秆全量覆盖增墒耕作技术开具了2015—2017年的应用证明；在生产一线，专家对秸秆还田技术增产增效的应用给予了高度的评价。"西南山地秸秆整株全量覆盖增墒耕作"技术与其他配套相关技术共同申报，以四川省农业科学院作物研究所为第一单位获得了多项奖励：2019年神农中华农业科技奖二等奖；2013年国家科学技术进步奖二等奖。

四、未来推广应用的适宜区域、前景预测和注意事项

（一）技术适宜推广应用的区域

西南旱地"麦-玉""麦-油"净作或"麦-玉-薯""麦-玉-豆"带状间套作种植区。

（二）未来推广前景预测

据统计，2018年南方旱地主栽粮食作物种植面积约1.5亿亩。随着机械化的配套，秸秆还田将结合化肥、农药减施增效新技术，继续在南方旱地种植区推广应用，预计未来5~10年应用面积达50%以上。

（三）技术推广应用中需要注意的事项

秸秆还田有增加后茬作物病虫害发生的风险，因此，要注意后茬作物播种至苗期虫害的防治工作，后茬作物生长中后期要提前预防有关病害。

技术负责人和依托单位

单位名称：四川省农业科学院作物研究所

联系地址：四川省成都市锦江区狮子山路4号作物研究所

联系电话：028-84504230

联系人：刘永红

电子邮箱：13908189593@163.com

第八节 长江流域小麦免耕减排高效栽培技术

一、技术背景

长江流域小麦以稻茬小麦为主，土壤质地黏重、含水量高，前茬秸秆量大，长期面临耕作播种质量较差、产量和效益较低的问题。传统上，耕整程序复杂，耗能高；施氮量较高，渗漏导致环境风险高；秸秆翻埋入土，温室气体排放过多风险高，这些都不以利于固碳减排、节本增效和稳产高产。需要同时解决诸多问题以实现多元化发展的技术研发难度极高，突破点在于如何将播种机具创新和农艺优化创新结合，研发能适应复杂生态生产环境的稻茬小麦免耕减排高效生产技术。

二、技术要点

（一）核心技术

免耕带旋播种机。这种机具专为秸秆全量还田、质地黏重土壤而研发，改旋耕为免耕，改镇压覆土为秸秆覆盖，播种、施肥一体化，机具重量大为减轻，适应性显著提升，耗时、耗油量大幅度下降。

（二）配套技术

1. 秸秆处理技术 前作水稻收获时，优先采用半喂入式联合收割机，将秸秆进行切碎分散处理，后续小麦播种时可直接播种。如果采用全喂入式联合收割机收割，水稻秸秆处于凌乱状态（长短不一，成带成垛），则应在小麦播种之前进行灭茬处理。秸秆处于地表覆盖状态而非深翻入土，调节土壤湿度、温度的同时，降低 N_2O 等温室气体排放当量。

2. 简化施肥技术 每亩总施氮量 $9\sim12kg$，两次施用，底肥占 60%、拔节肥占 40%。底肥采用复合肥，播种时一并进行施肥，免去了专门的程序。这种模式使氮肥利用效率显著提升，并减少下渗带来的环境污染风险。

3. 简化高效病虫草综合防控技术 在布局多抗品种的同时，播种时采取封闭除草方式（播种机自带），免除苗期化学除草工序；齐穗至初花期实施以赤霉病预防为核心的"一喷多防"技术。最大限度减少农药用量，且确保防效和产量。

三、技术示范推广情况

（一）技术示范推广应用的领域、时间、地点、示范规模

这项技术自 2010 年开始示范应用以来，经多次升级换代，现已完全成熟。在四川省的主要小麦生产县市（区）和湖北、安徽的部分县市（区）进行大面积的示范应用，累计超过 500 万亩，增产 $5\%\sim20\%$；2020 年四川省江油市、梓潼县等地实产验收亩产

超 700kg，节本增产增效显著，中央电视台多个频道和四川诸多媒体进行广泛报道。

（二）技术推广应用所取得的固碳减排、适应气候变化与防灾减灾等方面的增产增收和生态效益情况

1. 固碳减排　持续监测发现，免耕秸秆还田使 CH_4、N_2O 的排放速率比翻耕还田下降 20%～40%。2019—2020 年小麦季监测，免耕带旋播种技术的 N_2O 排放量比旋耕条播降低约 15%。长期耕作定位试验结果表明，免耕秸秆还田使土壤有机质含量提升 20% 以上，固碳减排效果显著。

2. 生态效应　控制试验和生产示范表明，免耕带旋播种技术不仅能实现增产增收目标，而且也利于提高氮素利用效率，降低环境污染风险。两年控制性试验的免耕带旋的氮肥偏生产力（PFPN）比深旋方式提高 5.2kg/kg；各地种麦大户对比田平均提高 9.0kg/kg。免耕带旋播种方式能够显著降低各个阶段 0～40cm 耕层土壤硝态氮含量，降低渗漏带来的环境污染风险。

3. 抗湿抗旱增产　控制性试验结果，2 年平均免耕带旋增产 9.95%；种粮大户连续多年进行同田对比和大面积示范，同田对比平均增产 15.47%，大面积示范比邻近地块增产 24.44%。2020 年四川因春旱严重，免耕带旋播种的保墒效果十分突出，增产幅度更大，达到 20%～40%，亩施 6kgN 处理后的产量达到 530kg/亩。增产主要源于播种质量提高，高质量分蘖增多，最终有效穗数得以显著增加。在降低生产成本的同时，增产又增收。

（三）获得的评价或鉴定情况，以该技术为核心的成果获得科技奖励情况等

1. 田间评价鉴定　农业部（2018 年 4 月 3 日挂牌为农业农村部）小麦专家指导组先后于 2010 年、2019 年在四川进行田间考察，并形成评价意见。一致认为：技术先进成熟，适宜大面积应用，建议加大示范推广力度，扩大应用范围。

2. 成果评价鉴定　2012 年，以该技术作为核心内容之一的"西南小麦产业提升关键技术研发与应用"通过成果鉴定，以山仑院士为组长、于振文院士等专家组成的鉴定委员会认为：项目针对性强，创新性突出，社会经济效益显著，整体达到国际先进水平。同年，获四川省科技进步奖一等奖。

3. 广大农户评价　过去稻茬小麦播种都是老大难问题，但该技术的研发成功，特别是近几年的优化升级，彻底解决了这类播种难题，正如一位种粮大户古国洪感言："田湿！多草！播期不适！三重不利因素，还想机械化？今天困扰多年的难题终于圆满解决了！"；湖北襄阳南漳县农技人员感叹："干旱年景更显保墒护墒含墒之神力，因为保护性栽培，地表层未受破坏，土壤墒情不挥发，则足够种子发芽之水分，确保一播全苗齐苗匀苗壮苗健苗，实乃抗灾应灾应变好措施。"科技人员彭云良播完 200 亩烂泥田，发来感谢信，信中说"放了心了，整个出苗没有大问题""今年可省心了。往年播完稻茬麦，就是修行一场""谢谢汤老师"。80 后种粮大户吴春 2020 年丰收后来信感谢，"汤老师，我今年小麦刚刚销售完，产量相比去年增长 20%，比常年增长 15%，平均容重 830g 左右，千粒重 56.5g，基本没有不完善粒""我想了一下，能够增长这么多，第一还是你的免耕播种机（好），今年播种的时候田间还是很湿的，条播机很适宜湿土播种，覆盖好，出苗率高，基本苗保证了"。

四、未来推广应用的适宜区域、前景预测和注意事项

（一）技术适宜推广应用的区域

长江流域稻茬小麦生产区域。

（二）未来推广前景预测

长江流域稻茬小麦是我国小麦生产的重要组成部分，未来健康稳定发展对于全国粮食生产稳定至关重要。同时，该区域规模化播种推进迅速，种粮大户、家庭农场、种粮合作社所占比重越来越高；四川不少区域的技术人员和农户反映，小麦种植简便，效益也比水稻、油菜等作物高，种粮大户等运用免耕带旋播种技术的积极性高涨，近两年免耕带旋播种机都出现了供不应求的良好局面，主要作业模式请见表 2-1。湖北、安徽示范效果好，也在积极扩大推广规模。因此，未来推广前景较好。

表 2-1　免耕带旋播种技术的主要作业模式

模式	水稻收割作业	播前稻茬处理	小麦播种机选择	适宜范围
模式 1	全喂入式收割机；高茬（0～50cm）	灭茬（<8cm）	轮式或履带式拖拉机；6～12 行带旋播种机	多数稻茬田
模式 2	履带式收割机（前端加装稻茬处理器，后端加装秸秆切碎抛撒装置）；高茬收获（0～50cm）	—	履带式拖拉机；6～12 行带旋播种机	少数土壤极度黏重、适度过大稻茬田
模式 3	半喂入式收割机；低茬收割；秸秆切碎抛撒	—	轮式拖拉机；6～12 行带旋播种机	半喂入式收割服务的农户

（三）技术推广应用中需要注意的事项

1. 正确处理水稻秸秆　水稻收获机型号不同，相应的秸秆处理方式及效果也不尽相同。采用半喂入式联合收割机收割，稻草可以切碎分散，免去小麦播种之前的秸秆处理工序；现在推出的沃德牌收割机，采取高茬收割，进入脱粒箱部分经粉碎抛撒返回田间，而留于地表部分被加装的粉碎装置粉碎，这样，小麦播前也无须进行秸秆处理。对于采用全喂入收割机收获的地块，必须进行播前灭茬粉碎处理，否则会影响播种立苗质量。

2. 科学匹配动力装置　从收割机到秸秆粉碎、播种，根据实际环境和条件进行科学匹配。在播种阶段土壤含水量特别高的区域或地块，可以用履带式拖拉机驱动播种机，而一般情况下用轮式中拖驱动即可。

技术负责人和依托单位

单位名称：四川省农业科学院作物研究所

联系地址：成都市狮子山路 4 号

联系电话：13708004808

联系人：马孝玲

电子邮箱：maxiaoling@163.com

技术负责人：汤永禄

联系地址：成都市狮子山路 4 号

联系电话：13518156838

电子邮箱：ttyycc88@163.com

第九节　水稻冬种紫云英化肥减量增效技术

一、技术背景

福建人多地少，人地矛盾尖锐，人口压力大、环境资源紧张、农业基础薄弱，亩均农用化肥量居全国前列，过量施肥和施肥结构不尽合理，带来了土壤板结、酸化、面源污染和生态平衡破坏等一系列问题，威胁着福建省农产品质量安全和农业生态环境安全。为加快改变农作物对化肥过分依赖的传统方式，实现化肥减量增效的目标，福建省提出冬种紫云英化肥减量增效技术模式，减少化肥用量，提高肥料利用率，减轻过量施肥带来的土壤板结、酸化、面源污染和生态平衡破坏等问题，实现农产品产量与质量安全、农业生态环境保护相协调的可持续发展，并有效降低农业生产成本，促进农业提质增效、节本增效。

种植紫云英绿肥是福建省传统改良土壤、培肥地力的有效措施，20 世纪 70 年代中期全省年种植面积在 300 万亩以上，但从 20 世纪 80 年代后期开始，紫云英绿肥种植面积逐年下降，到 2005 年全省种植面积下降至 30 万亩左右。2016 年开始，我厅开展紫云英绿肥示范推广工作，使紫云英绿肥种植面积得到恢复发展，每年稳定在 100 万亩以上。

二、技术要点

（一）种植与还田利用技术要点

1. 品种选择　种子净度、纯度、发芽率、水分含量等指标达到国家三级种子标准。福建中稻区宜选择中晚熟品种"闽紫 2 号""闽紫 4 号""闽紫 5 号""闽紫 6 号""弋江籽""余江大叶""宁波大桥"等品种。双季稻区宜选择早中熟品种"闽紫 1 号""闽紫 3 号""光泽种"等品种。

2. 种子处理 包括晒种、擦种、选种、浸种和拌种等环节。选择晴天的中午晒种 4～5h，晒种后将种子与细沙按 2：1 的比例拌匀，装入编织袋内用力揉擦，将种子表皮上的蜡质擦掉，以提高种子吸水速度和发芽率。然后，用 5％的盐水选种，清除病粒和空秕粒。将选出的种子用 5％的腐熟稀人尿浸种 8 小时，或用 0.2％的磷酸二氢钾溶液浸种 10～12h，浸后捞出晾干，用根瘤菌或钙镁磷肥拌种，拌种后要尽快（12h 内）将种子播入土中。

3. 适时播种 在中、晚稻收割前 20～25d 左右（9 月中下旬至 10 月初）播种，亩播种量 1.5～2kg，播种时稻田土壤保持湿润，尽量做到均匀。

4. 田间管理 紫云英喜湿，但忌渍水。在播种前，田块四周应开好沟，除围沟外，一般每隔 10～15m 左右开一条直沟，形成"十"字沟或"井"字沟，做到沟沟相通，排灌自如，保持田面湿润而不积水。

5. 施肥用药 播种时亩基施钙镁磷肥 20～25kg，开春后看苗施春发肥，亩尿素施 2～3kg；紫云英菌核病、白粉病可用 1 000 倍异菌脲、波尔多液、可杀得等进行防治。对蓟马、蚜虫、潜叶蝇可用 1 000 倍蚜虱净、甲维盐、灭蝇胺等进行防治。

6. 适时翻压 盛花初荚期为适宜收获期，最好控制在 60％～70％开花时翻耕，但双季稻地区要视早稻插秧季节而定。一般在插秧前 15～20d 就要压青沤田，早稻抛秧田可在抛秧前抓紧进行压青。每亩绿肥压青量 1 500kg 为宜，可根据土壤肥力或砂、黏状况适当调整压青量。翻压时同时每亩撒施 15～20kg 石灰，促进加速腐烂。

7. 存种于土 此项技术适宜于单季稻种植地区。5 月中旬紫云英两荚成熟时，种子成熟后撒落田中，一次性翻耕入土。下季冬种绿肥时无需播种或减少播种量，自然长出绿肥苗。带荚翻埋技术是一项省工、省种的紫云英栽培模式。

（二）紫云英还田利用后茬水稻水肥管理

福建中等肥力田，目标产量为 400～500kg/亩·季时，每亩化肥总施用量：N 10～12kg、P_2O_5 4～5kg、K_2O 6～8kg。紫云英翻压鲜草量 1 500kg/亩的稻田，氮磷钾肥料施用量相应减少 20％～30％，每亩化肥施用量按纯氮（N）7～9kg、P_2O_5 3.0～3.5kg、K_2O 4.5～5.5kg。

三、技术示范推广应用情况

（一）技术示范推广情况

2016 年以来，福建省农业厅（后更名为农业农村厅）组织实施"耕地地力提升工程",每年安排专项资金 2 000 万元用于紫云英绿肥示范推广,每年种植面积达 100 万亩以上。

(二)提质增效情况

一是改良土壤,培肥地力。据有关报道表明,紫云英绿肥连续 3 年翻压还田后,土壤有机质增加 15.8%,容重下降 8.7%,土壤全氮、全磷、全钾、有效磷、速效钾和阳离子交换量分别增加 18.4%、16.7%、9.5%、19.7%、70.5% 和 23.8%。另外,紫云英残留许多未分解的腐殖质在土壤里,改变了土壤结构,使泥土变成疏松,有利于作物根系通风透气,促进根系的生长。

二是经济、社会和生态效益明显。通过项目实施,示范区每季作物可减少化肥施用量 10%~25%,作物增产 5.5%~12.3%,亩均节本增效 55 元以上,节本增效效果显著,减轻了不合理施肥对土壤和水源的污染,改善了生态环境,促进了高产、优质、高效、安全、生态农业的可持续发展和良性循环。

(三)技术获奖情况

制定颁布福建省地方标准《紫云英绿肥种植及利用技术规范》(DB35/T 1221—2011),作为主要技术列入福建省地方标准《耕地地力提升与保持技术规范》(DB35/T 1836—2019)。

作为主推技术模式的"福建省化肥减量增效技术技术集成与推广"项目获得了"2016—2018 年度全国农牧渔业丰收奖三等奖"。

四、未来推广应用的适宜区域、前景预测和注意事项

(一)未来推广应用前景预测

种植紫云英绿肥不但解决了有机肥源,减少化肥用量 20% 以上,节省了肥料成本和能源消耗,改善了生态环境。此外,冬闲田种植紫云英绿肥有力促进了福建冬季农业生产,可解决春季耕地季节性撂荒等问题,也给农村增加了亮丽的风景。同时也促进低碳、循环现代农业的可持续发展,推广应用前景广阔。

(二)技术推广应用中需要注意的事项

1. 光照 紫云英比较喜欢充足的光照,种植时一定要避免环境缺乏光照。

2. 水分 种植紫云英要保证土壤微微湿润,既不要土壤中有积水,也不要过于干旱。

3. 施肥 在晚秋的时候会施入磷酸钙来促进早生根瘤、早发幼苗;入冬之前可以加入磷肥来增加抗寒能力。

4. 播种时间 在 9 月下旬到 10 月初。播种时间太晚,容易导致植株被冻害。

5. 适时压青 在花期后的 10 多天里要注意压青,将紫云英刈割后直接翻埋于土壤中,紫云英腐解后能够激发土壤中的氮素,可以维持农田中氮的循环。

6. 浸种 在播种之前要对种子进行处理，可以浸种 24h，然后取出晾干后拌菌拌磷。

7. 病虫害防治 在紫云英开花的时候，虫害的危害是最严重的，要加强养护管理，及时进行治疗。

技术负责人和依托单位

单位名称：福建省农田建设与土壤肥料技术总站

联系地址：福建省福州市鼓楼区冶山路 24 号农业农村厅五号办公楼

邮政编码：350003

联系人：黄功标、张世昌、吴凌云

联系电话：0591 - 88011260

电子邮箱：18659191557@163.com

第三类
农田温室气体减排增效技术模式

第一节　黄淮海夏大豆免耕覆秸机械化生产技术模式

一、模式背景

黄淮海地区是我国夏大豆主产区，在冬小麦收获后播种。该技术模式是针对麦秸拥堵影响大豆播种质量、雨后土壤板结影响大豆出苗、麦秸还田困难、生产成本居高不下等问题，研究形成的固碳减排高产高效大豆生产技术模式。通过该技术模式，实现了麦茬大豆高质量免耕播种、病虫草害绿色防控、药肥精准施用和秸秆全量还田，为杜绝秸秆就地焚烧或离田、大豆节本增效绿色生产提供了可靠技术途径。

二、模式要点

（一）品种选择

因地制宜地选择通过审定的高产、优质、多抗大豆品种，要求品种底荚高度适中、成熟时落叶性好、适宜机收，不裂荚。

（二）种子处理

精选种子，保证种子发芽率。按照每粒大豆种子黏附根瘤菌105～106个的用量接种根瘤菌剂，直接拌种或采用高分子复合材料包膜根瘤菌包衣技术。根瘤菌直接拌种后要尽快（12h内）播种；采用高分子复合材料包膜技术，可以在播前1～2个月将根瘤菌包衣到种子上，适合大面积机械化播种。防治病害用7.4%苯醚甲环唑·吡唑醚菌酯FS拌种。

（三）麦秸处理

综合考虑小麦收获成本及籽粒损失，建议小麦收获茬高30cm，不对小麦秸秆进行粉碎、抛撒。

（四）覆秸播种

麦收后趁墒播种，宜早不宜晚，有条件地区在底墒不足时播种后可采用喷灌方式补墒。建议采用麦茬大豆免耕覆秸播种机播种，横向抛秸、侧深施肥（药）、精量播种、封闭除草、秸秆覆盖可一次完成，行距40cm，播种深度3～5cm。结合播种侧深复合肥（N：P：K＝15：15：15）10kg/亩，施肥位置在种子侧面3～5cm，种子下面5～8cm。蛴螬发生较重的地区或田块，可结合侧深施肥亩施30％毒死蜱微囊悬浮剂0.5kg加200亿孢子/g卵孢白僵菌粉剂0.5kg，或者200亿孢子/g卵孢绿僵菌0.5kg防治蛴螬。结合播种实施田间封闭除草，亩施用精甲·嗪·阔复合除草剂135g，机械喷雾每亩用量15～20L，防治黄淮海地区大豆田常见的杂草。

（五）综合管理

幼苗期注意防治大豆胞囊线虫病、根腐病及蚜虫、红蜘蛛等；花期注意防治点蜂缘蝽、蛴螬、造桥虫、豆天蛾、棉铃虫；鼓粒期注意防治豆天蛾、造桥虫等。尽量使用生物杀虫剂或高效低毒杀虫剂。防治点蜂缘蝽，可在开花期喷施吡虫啉、氰戊菊酯、氯虫·噻虫嗪等杀虫剂，隔7～10d喷1次，连喷2～3次。注意防治成株期病害，主要包括大豆根腐病、大豆溃疡病、大豆拟茎点种腐病、炭疽病等，可在开花初期及结荚期使用嘧菌酯＋苯醚甲环唑进行防控。

（六）低损机械收获

联合收获最佳时期在完熟初期，此时大豆叶片全部脱落，植株呈现原有品种色泽，籽粒含水量降为18％以下。大豆联合收获机进行调整：

① 割台：配置扰性割台或大豆低割装置割台；

② 拨禾轮：转速尽量降低；

③ 脱粒系统：配置大豆低破损脱粒滚筒，凹板筛栅条之间的有效间隙为15～18mm，脱粒滚筒与凹板筛之间的间隙为20～30mm，脱粒滚筒线速度为≤13m/s，将脱粒滚筒脱粒部件除锐角、倒钝；

④ 排草口：安装拨草装置，保持排草口顺畅；

⑤ 调整清选系统风机转速与振动筛类型，保证清选清洁度。

三、模式示范推广情况

2013年以来，该技术模式在安徽、江苏、山东、山西、河南、河北、北京等省（直辖市）进行示范、推广，取得良好效果。屡创小面积亩产300kg以上、大面积250kg以上实打实收高产典型。2013—2019年，在中国农业科学院作物科学研究所新乡试验基地定点20亩展示该技术模式，小面积实收亩产均在282.0kg以上，最高达到336.3kg，6年大豆亩产超过300.0kg，7年平均亩产达到313.4kg。2015—2019年，在安徽省宿州市进行大面积生产示范，平均亩产分别为174.7、213.2、239.1、196.5、210.5kg。2018年在山东省济宁市梁山县和河南省新乡市获嘉县大面积实打实收测产，亩产分别达到289.3kg和334.7kg。2019年在河南省新乡市新乡县实打实收 100.4 亩，平均亩产达到 303.1kg，打造了我国大豆主产区实收面积超过 100 亩、亩产超 300kg 的高产典型。

该技术模式实现了小麦秸秆的全量均匀覆盖还田，解决了播种时秸秆堵塞播种机，麦秸混入土壤后造成散墒、影响种子发芽，土壤有机质下降等长期悬而未决的难题。秸秆覆盖还田显著增强了土壤蓄水保墒能力，提高了水资源利用效率，同时减缓了雨滴对地表的击打，避免了播种苗带雨后土壤板结，提高了大豆出苗率；秸秆覆盖还田后其腐解速率与混土还田无异，同时土壤固氮和硝化细菌丰度增加，提高了氮肥利用效率；覆秸还田根腐病菌和黑斑病菌群落减少，降低了土传病害发生，可减少杀菌剂施用。该模式播种环节可一次性完成"种床清理、侧深施肥（药）、精量播种、封闭除草、秸秆覆盖"等 5 项作业，在提高播种质量的同时，降低生产成本；通过侧深施肥，提高了肥料利用效率；将秸秆还田处理、肥料施用、病虫草害防控等相关管理环节融合到播种过程中，减少了作业次数，简化了生产工序，节约了生产成本，提高了秸秆、水分、肥料、农药的利用效率，实现了农业生产绿色可持续。和常规技术相比，可增产大豆 10% 以上，水分、肥料利用率提高 10% 以上，降低化肥、农药用量 5% 以上，亩增收节支 60 元以上。

该模式核心技术"黄淮海夏大豆麦茬免耕覆秸精量播种技术"自 2012 年以来单独或作为其他综合技术的核心内容，连续 8 年被遴选为农业农村部主推技术。2019 年中国农学会对以该技术为核心内容的"黄淮海麦茬夏大豆免耕覆秸栽培技术体系构建与示范"成果进行了第三方评价，专家组认为：该成果整体研究水平国际先进，在侧向清秸、免耕覆秸技术等方面达到了国际领先水平。2020 年，该项目获得了北京市科学技术进步奖一等奖。

四、未来推广应用的适宜区域、前景预测和注意事项

（一）技术适宜推广应用的区域
黄淮海麦豆一年两熟区。

（二）未来推广前景预测
该技术模式实现了黄淮海麦茬夏大豆生产农机农艺融合、良种良法配套、生产生态协调，具有广阔应用前景。此外，经试验验证，本模式的核心技术麦茬免耕覆秸精量播种技术在麦茬花生等作物的生产中同样适用，可进一步研发、示范和推广。

（三）技术推广应用中需要注意的事项
如因天气原因造成封闭除草效果不理想，应及时采取苗后除草。苗期大豆如遇连续阴雨天，应特别注意对蜗牛的防治。大豆花荚期要注意防治点蜂缘蝽等荚部虫害，有条件的地区可以进行大面积统防统治。

技术负责人和依托单位

单位名称：全国农业技术推广服务中心

联系人：王积军

联系地址：北京市朝阳区麦子店街 20 号

联系电话：010 - 59194506

电子邮箱：wangjijun@agri.gov.cn

技术单位：中国农业科学院作物科学研究所

技术负责人：吴存祥

联系地址：北京市海淀区中关村南大街 12 号

联系电话：010 - 82105865

电子邮箱：wucunxiang@caas.cn

第二节 黄土高原旱作小麦蓄水保墒固碳减排耕作技术模式

一、技术背景

针对作物生产中存在的气候灾害和主要灾害，以及作物生产在固碳减排、节本增效和稳产高产方面存在的技术需求及难点，提供技术（模式）研发推广的具体背景和解决思路。

黄土高原具有典型的大陆季风气候特征，冬季严寒、春季干旱、夏季炎热，降水常常发生在 7—9 月。该区域地下水匮乏，以雨养农业为主。冬小麦是该区的主要粮食作物，生育期从 10 月到次年 6 月左右。所以该区旱作冬小麦生长期与降水季节分布错位，导致冬小麦不能有效利用降水资源，严重制约了产量提升。另外，黄土高原土壤贫瘠，固碳能力差，土壤普遍缺氮，农民常常盲目施肥，导致肥料施用不合理。这不仅很大程度上限制了旱作冬小麦水分利用效率和产量的提高，增加了冬小麦生产成本，而且还降低了肥料利用率（尤其是氮肥），引发氮素淋溶与 N_2O 排放，从而造成地下水源流失和生态环境变差等一系列问题。

因此，黄土高原旱地冬小麦生产力提升的关键在于：①实现降水资源的周年调控和跨季节利用；②改善土壤团聚体结构，增加土壤有机质含量，提高固碳能力；③合理施肥，实现旱区冬小麦水肥高效耦合，同时减少氮素淋溶和排放（N_2O）。我们的研究发现夏季休闲期深翻或者深松能够有效减少地表径流和蒸发，增加土壤的雨水入渗，进而实现旱区冬小麦"休闲期蓄水，生育期利用"的降水资源跨季节高效利用，从而实现冬小麦高产及稳产，降低了冬小麦生产的干旱气候风险。另外，休闲期深翻（或者深松）配套有机肥（或者秸秆还田）能够有效地改善旱区土壤团聚体结构和提高有机质含量，增加土壤固碳能力，但却增加了 N_2O 气体的排放。在此基础上，如果合理配施硝化抑制剂（或者缓释肥）能够有效减少 N_2O 气体的排放。

鉴于此，我们提出了黄土高原旱地小麦蓄水保墒固碳减排耕作技术模式。该模式包括的主要单项技术模式有：夏季休闲期深翻或者深松（蓄水保墒），施用有机肥或者秸秆还田（固碳）和施用硝化抑制剂或者缓释肥（减排）。

二、技术要点

（一）核心技术及其配套技术的主要内容

1. 固碳保墒模式　本技术针对黄土高原旱作农业区旱地小麦生产上存在的水热资源不匹配、土壤瘠薄、产量低且不稳、比较效益低的四大问题，对降雨资源进行跨季节调控与利用，即在旱地小麦休闲期进行提前耕作（深翻或深松）、提前深施有机肥与提前秸秆覆盖还田，通过提高休闲期土壤蓄水量而改变土壤质地，达到提高土壤固碳能力与抗旱增产的目的，具体技术方案见表 3-1。

表 3-1　黄土高原旱地小麦固碳保墒耕作技术方案

时间	处理	具体操作
收获期	小麦留高茬	高度 15~20cm
休闲期	耕作技术	深翻技术：入伏后，田间撒施有机肥，结合深翻（25~30cm）每亩施入腐熟的有机肥 2 000~3 000kg，或精制有机肥 100kg，前茬秸秆残茬还田； 深松技术：入伏后，使用深松施肥一体机（30~40cm）结合深松每亩施入精制有机肥 100kg，秸秆覆盖于地表。 立秋后，旋耕整地，旋耕深度 12~15cm，耕后耙平地表
播种期	播种方式	探墒沟播、膜际条播（选择宽 400mm、厚 0.01mm 的聚乙烯膜）
	播期	10 月 1 日
	播量	90kg/hm²
	氮肥	因墒施肥。播前 0~300cm 土壤底墒为 400mm 时配施纯氮量 150kg/hm²，底墒为 500mm 时配施纯氮 180kg/hm²，底墒为 600mm 时配施纯氮 210kg/hm²，有利于产量、水分与养分利用效率的提高
	磷肥	100~150kg/hm² P_2O_5
其他时期	常规管理	
注意事项		播种方式采取膜际条播，需要在收获期去除塑料薄膜，减少薄膜污染；氮磷钾肥为播前混匀，一次性施入，施用量折合生物有机肥，养分用量：kg/hm²

2. 固碳减排模式　将模式①中的普通氮肥改用缓释肥（树脂包衣缓释肥）或添加硝化抑制剂氮肥（普通尿素添加 0.1% 吡啶），其他操作规程同模式①，可使麦田 N_2O 排放量显著降低，达到固碳减排的目的。本模式中缓释肥和添加硝化抑制剂氮肥的减排

效果为仅开展盆栽小麦相关减排机理及效果分析的结论，未进行大田试验效果分析。

三、技术示范推广情况

（一）技术示范推广应用的领域、时间、地点、示范规模

本技术模式主要应用于旱作冬小麦生产领域，2009 年以来，在山西、陕西、甘肃得到大面积的推广应用，示范面积达 4 534 万亩。

（二）技术推广应用所取得的固碳减排、适应气候变化与防灾减灾等方面的增产增收和生态效益情况

黄土高原蓄水保墒固碳减排较农户模式平均增产 23%～30%，干旱年型增产达到 50%以上。采取深松耕作技术可使 0～50cm 剖面的土壤有机碳储量较农户模式增加 8.5%～26%。施用缓释肥或添加硝化抑制剂氮肥后可使麦田主要温室气体减排 20%～40%。见表 3 - 2。近年来，在山西、陕西、甘肃得到大面积的推广应用，达 4 534 万亩，增产 259 451 万 kg，节本增收 997 923.24 万元。

表 3 - 2　黄土高原旱地小麦固碳保墒耕作技术蓄水保墒固碳减排效果

指标	效　果
产量	较农户模式平均增产 23%～30%，干旱年型增产达到 50%以上
蓄水效果	可提高播前 0～300cm 土壤蓄水量 37～100mm，尤其 60～180cm 土层提高明显；可提高休闲期土壤蓄水效率 24%～191%
固碳效果	采取深松耕作技术 0～50cm 剖面的土壤有机碳储量较农户模式增加 8.5%～26%
减排效果	施用缓释肥或添加硝化抑制剂氮肥后可减排 20%～40%
推广应用及效益	在山西、陕西、甘肃得到大面积的推广应用，达 4 534 万亩，增产 259 451 万 kg，节本增收 997 923.24 万元

（三）获得的评价或鉴定情况等（专家评价或生产一线评价），该技术或以该技术为核心的成果获得科技奖励情况

相关成果发表学术论文 160 篇，其中 SCI 论文 35 篇。2014 年 11 月获得山西省高等学校科学研究优秀成果（科学技术）科技进步一等奖，2015 年 11 月获得山西省科技进步一等奖（晋科奖发〔2015〕1 号）。2019 年获得山西省自然科学二等奖，2019 年 12 月获得山西省标准贡献三等奖，2016 年 8 月获得山西省技术承包二等奖。

四、未来推广应用的适宜区域、前景预测和注意事项

1. 技术适宜推广应用的区域　黄土高原旱作冬小麦生产区。

2. 未来推广前景预测　黄土高原生态环境脆弱，未来气候变化将对该区域农业生产环境恶化，本技术模式不仅可以有效应对干旱对小麦生产的不利影响，相关技术模式还可以通过固碳减排减缓气候变化带来的不良影响，为农业可持续发展做出贡

献，是未来黄土高原旱作小麦生产的优先发展模式之一。

3. 技术推广应用中需要注意的事项　本技术主要适用于年降水量 250～500mm、降水主要集中在小麦休闲期的黄土高原干旱半干旱地区，可实现欠水年不减产、平水年稳产、丰水年大增产。

技术负责人和依托单位

技术单位：山西农业大学
技术负责人：高志强
联系地址：山西省晋中市太谷区铭贤路 1 号
联系电话：0354－6287226
电子邮箱：gaozhiqiang1964@126.com

第三节　南方地区以沼气为纽带的种养结合减排技术

一、模式背景

区域沼气生态循环农业技术模式是对传统"猪-沼-果"模式的转型升级，是以县域为范围，按照"政府引导，企业主导，市场运作"原则，整县推进畜禽粪污等废弃物，通过第三方集中处理，以农业废弃物处理和有机肥生产为中心——即建设大型沼气工程供气站或发电站、病死猪无害化处理厂、有机肥生产厂。

一是推进畜禽养殖污染治理的需要。由于饲养管理粗放，设施不完善，养殖污水产生量大，养殖场远离养殖区，粪肥运输成本较大，大量的养殖污水未经有效处理直接排放，对环境构成直接污染。**二是实现养殖粪污资源化利用的需要**。由于目前市场化商业运营模式不成熟，核心配套技术不成熟，没有满足规模化、市场化的要求，集成、研发适应多原料高浓度发酵、集中规模供气、并网发电、有机肥生产成套核心技术。**三是推进作物化肥减施增效的需要**。种植业长期过度依赖化肥对耕地质量产生了不良影响，耕地土壤结构变劣、酸化、有机质下降、养分不平衡、生态功能退化的现象普遍存在。**四是推进农村沼气转型升级的需要**。当前，户用或小型沼气工程已不能满足规模化种植业和畜禽养殖业发展的需要，养殖业与种植业严重脱节，在养殖密集区造成养殖污染物集聚，农村户用沼气的功能逐渐消弱。因此，迫切需要农村沼气转型升级。

二、技术要点

（一）创新生态循环农业模式

原南方"猪-沼-果"模式经济效益差，难以形成产业，随着畜禽养殖业和种植业集约化、规模化发展，养殖业相对集中、养殖业与种植业严重脱节，亟待对"猪-沼-果"模式进行转型升级，构建区域中循环或县域大循环的新型生态循环农业模式。

（二）突破模式关键技术瓶颈

常规养殖用水量大导致了粪污负荷大，这既增加了粪污治理的难度和治理成本，也影响了粪污的资源化利用。实现畜禽养殖粪污资源化利用的核心是减量化和无害化。减量化是保障资源利用的经济性，无害化是保障资源利用的安全性，只有经济性和安全性得到保障后，才能实现资源化利用的长效性。

（三）建立模式示范样板工程

"政府支持、企业主体、市场运作"是畜禽养殖粪污治理和资源化利用的基本原则。引入社会资本，培育投资、建设、运营"三位一体"的生态循环农业产业实体，既是治理畜禽养殖污染的一次新尝试，也是一项新型产业，需要通过示范工程，不断摸索、积累和总结成功的经验，引领产业的发展。

（四）探索多方盈利运行机制

在治理畜禽养殖污染的同时，探索建立粪污资源化利用的生态循环农业产业，不仅仅要实现第三方集中处理企业的经济效益，也需要考虑上游养殖业主的利益，更需要兼顾下游种植业主的积极性，实现全产业链共赢。

三、技术示范推广情况

（一）推广领域、时间、地点及示范规模

1. 新余罗坊集中供气工程　新余罗坊镇大型沼气集中供气项目建设总用地28.3亩，项目分两期建设，2014年底完成一期工程建设、2016年底完成二期工程，工程内容包括：一级CSTR厌氧发酵罐2座，总容积3 100m³；二级一体化CSTR厌氧发酵罐2座，总容积4 050m³；储气容积1 540m³，集中稳定向罗坊镇6 000户居民供气。2016年供应沼气66.8万m³，销售沼肥11 200t，年净收益322.7万元。

2. 新余南英沼气发电工程　该示范工程2016年开始建设，建设内容包括：预处理单元，CSTR独立厌氧反应器3 335m³共6座，独立柔性干式落地气膜5 000m³，沼渣沼液处理储存单元，沼气净化利用设施，2MW沼气发电并网发电系统以及有机肥生产车间。2018年处理45.4t吨养殖场粪污，产生沼气1 074.4万m³，年发电1 933.8万kW/h，发电经济效益1 139万元；销售固态有机肥7 945t，新增经济效益1 016万元；销售液态有机肥43万t，新增经济效益337万元。

至此，已形成了整县推进第三方集中全量化处理的标准模式：①解决县域范围内年出栏60万头生猪粪污的处理；②解决每年10万头病死猪集中无害化处理；③建设厌氧发酵沼气工程规模2万m³，发电并网规模3MW；④年可处理粪污（TS≥6%）40万t，年可发电2 000万C；⑤年产固态有机肥3万t，年产沼液肥38万t；⑥服务

生态种植面积 10 万亩，每年减少化肥使用量 1 万 t。

3. 赣州定南岭北镇沼气工程 以废弃稀土尾矿废弃地进行复垦覆绿，打造国内首个国家级能源农场示范基地，面积 5 000 亩以上。项目投资 1.98 亿元，已建成日产沼气 20 000m³ 用于发电，年并网发电 2 000 万 kW/h，年处理农业有机废弃物 40 万 t，利用沼渣生产有机肥 3 万 t/年，浓缩沼液肥 4 万 t/年。通过能源农场建设，创建了尾矿区域生态修复治理的模式，极大地提升了废弃物资源化利用水平，经济、社会、生态效益显著。

（二）提质增效情况

一是提供环保、民生、生态三大公共产品。实现了区域农业废弃物趋零排放，解决了集镇居民对优质、清洁燃气的迫切需求与天然气管网无法覆盖的矛盾，发挥了沼气发电稳定、绿色且可储能调峰的优质电源特点。2019 年，累计推广示范工程总发酵容积 22.96 万 m³，年处理养殖粪污 1 718.42 万 t，解决了 1 733.95 万头猪当量的养殖粪污问题。

二是建立了可靠的盈利模式和多方共赢机制。沼气工程和有机肥等循环企业具有较高的投资回报率，解决了环保问题、乡镇居民生活用能的问题，提供就业和致富机会，赢得了民生效益。2019 年，项目每年给 16 万户居民使用了清洁能源，每户每月节省费用约 30 元。

三是规避了投资风险。沼气供应、沼气发电、有机肥销售可为公司带来较好收益。2019 年，全省年产沼气 7.56 亿 m³，发电 13.6 亿 C，每度电 0.589 元，成本 0.2～0.3 元，新增效益 28 366 万元；目前畜禽粪污处理收取的 10 元/t 排污费，处理效益 17 119 万元；生产固态有机肥 360 万 t，有机肥生产成本 325 元/t，市场售价 750 元/t，有机肥新增收益 38 947 万元，农作物增产效益 91 287 万元，沼液替代化肥节本效益 36 992 万元，年新增效益 212 713 万元。

四是社会效益和环境效益显著。通过 N2N 区域沼气生态循环农业模式推广，减少了环境污染，减 COD 549 万 t，氨氮 40 万 t，CO_2 1 531 万 t，通过"减量化"减少粪污 6 418 万 t，为养殖企业节本 11 042 万元，同时增加就业 7 490 人，提高了农业废弃物资源化利用水平，经济效益、社会效益、生态效益显著。

（三）技术获奖情况

2019 年 11 月，由中国沼气学会主办的第五届环保创新创业大赛在成都决赛，江西省推送的"N2N 区域生态循环农业园模式的探索与应用"项目获得 2019 年度"沼气＋"创新创业挑战赛唯一的一等奖。

2019 年 12 月，"N2N 区域沼气生态循环农业技术推广"技术获得了 2017—2018 年度江西省农牧渔业技术改进奖一等奖。

2020 年 7 月，"以沼气为纽带的南方 N2N 生态循环农业模式创新与推广"连续两年列入江西省农业主推技术，获得 2019 年度江西省科技进步奖三等奖。

四、推广适宜领域及注意事项

（一）该技术推广区域具有以下特点

① 区域内有较大规模的畜禽养殖，且养殖区域相对集中；

② 养殖场能够进行生态化改造，实现粪污源头减量化；

③ 具有大面积的大田种植或其他可消纳沼肥的种植面积；

④ 区域及周边范围内有使用有机肥或沼肥的意愿；

⑤ 达到高标准农田建设要求或具有水肥一体化技术实施基础的区域可以优先考虑。

（二）注意事项

① 做好选址调研，充分考虑收储运体系安全及成本问题，考虑及施用标准后续沼肥消纳市场；

② 经大型沼气工程发酵后形成的沼肥应规划施用和科学施用，应有适施用沼液的大规模农产品片区；

③ 养殖场在进行生态化改造后，应实现粪污源头减量化、不含危害粪源发酵的物质，达到合理的粪源浓度和 pH；

④ 构建沼气生产、沼气供气和发电等生产安全体系，保障生产安全、环境安全；

⑤ 有机肥生产和沼气发电作为该模式运营中主要经济收入，应提高生产效率、充分发掘资源转化利用的价值，开发高品质有机肥产品。

技术负责人和依托单位

1. 单位名称：江西省农业生态与资源保护站

联系地址：南昌市省府大院东二路 02 号

邮政编码：330046

联系人：黄振侠

联系电话：15070992368

电子邮箱：jxnyb@126.com

2. 单位名称：江西正合环保有限公司

联系地址：南昌市青云谱区施尧路 1111 号天使水榭公馆 A 座 5 楼

邮政编码：330001

联系人：万里平

联系电话：18601157067

电子邮箱：wanlp0413@126.com

第四节　稻麦秸秆还田降渍减排技术

一、技术背景

水稻和小麦是我国最重要的粮食作物。受气候变暖影响，我国水稻-小麦两熟区作物生长季的气温呈非对称性升高，严重影响作物生育期及茬口衔接；作物生长季降雨强度和频率愈加异常，致使小麦播种期土壤适耕性变差，渍害日益严重；同时稻田甲烷排放高、肥水投入量大，资源利用效率低等问题依旧突出，亟须从水稻-小麦周年生产角度开展秸秆全量还田、轮耕、种植方式及水肥管理等技术创新，将水稻丰产、资源增效、环境友好相协同，增强作物系统应对气候变暖的能力，实现稻作系统稳定可持续发展。

水稻-小麦秸秆还田降渍减排耕作技术按照"品种茬口优化-耕层水气调控-耕作技术创新"的系统化解决思路，明确了延长水稻生育期、冬小麦晚播的作物适应原则；提出了小麦少耕灭茬条播和水稻深旋埋茬旱直播的改土降渍技术；构建了以沟畦配套技术为核心，集成耐湿耐温的抗性品种、秸秆全量还田、"少/免耕＋深旋"轮耕、厢沟浸润灌溉、化肥精准施的丰产减排耕作技术体系。该技术可达成节本增效、丰产增收、节能减排的效果，深受农户和新型经营主体欢迎。

二、技术要点

(一) 水稻季

1. 前茬适时收获，秸秆全量粉碎还田　当前茬小麦成熟度达到 90%～95%，籽粒含水量≤20%时，抢晴收获。采用具有秸秆粉碎功能并带有抛撒装置的半喂入式联合收割机进行收获，秸秆粉碎长度≤10cm，粉碎后秸秆均匀覆盖地表，秸秆覆盖率≥80%，留茬高度≤10cm，以提高秸秆还田率和还田效果，增加土壤有机质含量，实现土壤增碳。同时，还可避免后期耕种过程中秸秆拖堆，漏肥、漏种，影响出苗质量。

2. 选择高产低碳排放、抗逆性强的优质水稻品种　针对水稻季甲烷排放高、孕穗期高温、灌浆后期阴雨寡照导致的穗发芽和倒伏等问题，应选用低碳排放、耐高温、耐穗发芽、抗倒伏的高产优质品种，生育期 140～160d 为宜，各区域品种生育期选择因地而异。所选品种应达到国家大田用种的种子质量标准以上，种子要经过精选和包衣剂处理。

3. 适期早播，确保全苗和安全齐穗　气候变暖导致稻麦两熟区水稻成熟期延长10～15d。因此，在满足连续三天平均气温稳定超过 12℃的前提下，适时早播。若选用晚熟品种，一般于 6 月上旬至 6 月下旬进行直播，中熟品种最迟播期不迟于 6 月 20

日，早熟品种不迟于 6 月 25 日。常规稻播量为 3～5kg/亩，杂交稻 1.5～2kg/亩，各地区按照当地实际情况适量增减。

4. 深旋埋茬种肥一体化播种作业　针对水稻分蘖期土壤氧化还原性差、甲烷排放高等问题，采用稻麦施肥播种一体机，进行土壤旱整地、深旋埋茬、机械条播及施肥作业一次完成，行距 15～20cm，旋耕作业深度 15cm 左右。耕深稳定性 ≥90%，播种深度 3cm 左右，秸秆入土率 ≥90%，无拖堆。作业过程中要严把播种质量关，做到行距一致，下籽均匀，镇压密实，无亮种、堆种现象，保证地表平坦，以促进土壤有机质提升。

5. 化肥精准施用，减量减排　结合播种机设计，化肥采用深施，化肥机械深施 8～10cm，所施化肥控制在种子侧下方约 5cm 处，且播种后地表无漏肥、堆肥。较传统施肥模式，减少氮肥 15% 左右，总用肥量纯氮 18～22kg/亩，P_2O_5 8～10kg/亩，K_2O 8～12kg/亩，氮肥基追比 6∶4 为宜，以"前稳中控后促"方式进行施肥，即施足基肥、不施分蘖肥、追施穗肥，从而提高氮肥利用效率，降低氧化亚氮排放。其中，各区域用肥量因地而异。

6. 沟畦配套，浸润灌溉，增氧减排　为达到水稻季控水增氧效果，固定田间厢面，开设灌排丰产沟，其上宽 30cm，下宽 20cm，深 15cm，每两条灌排丰产沟间的厢面宽 3m，每隔 25～30m 开横沟，沟宽 20cm，沟深 15cm 左右。整个生长季进行厢沟浸润灌溉，苗期保持浅水层 2～3cm，促进水稻活棵和分蘖快发；分蘖盛期和拔节期保持丰产沟内满水，厢面无明显水层；穗分化和孕穗期保持浅水层 2～3cm，促进穗发育；灌浆期进行干湿交替保持土壤湿润，既有利于水稻物质积累，又可提高耕层含氧量，促进 CH_4 氧化，实现 CH_4 减排。

（二）小麦季

1. 水稻适时收获，秸秆全量粉碎还田　当水稻成熟度达到 95%，籽粒含水量 ≤25% 时，采用具有秸秆粉碎功能并带有抛撒装置的半喂入式联合收割机进行收获，秸秆粉碎长度 ≤10cm，粉碎后秸秆均匀覆盖地表，秸秆覆盖率 ≥80%，留茬高度 ≤10cm，以提高土壤有机质含量，实现土壤增碳。

2. 选择高产耐渍，抗病性强的小麦品种　针对小麦播种前连绵阴雨、田间积水难排、机具下田作业困难，以及灌浆期高温逼熟及赤霉病危害等问题，选择氮高效、耐渍耐高温、抗赤霉病的高产小麦品种。生育期以 200～220d 为宜，各区域品种生育期选择因地而异。

3. 适时晚播，确保全苗和安全齐穗　针对小麦耕种期土壤黏重、适耕性变差、渍害重，导致的小麦播期推迟，稻麦茬口衔接期和排水时间缩短等问题，冬小麦应 10 月中下旬适时晚播，且不应晚于 11 月 15 日，播量 10～15kg/亩。随播期推迟，播量应适当增加，11 月上中旬以"斤种万苗"为标准进行调整。

4. 沟畦配套，改土降渍 为达到小麦播种期及时排水降渍效果，固定水稻季田间厢面，清理丰产沟，保持上宽 30cm、下宽 20cm、深 15cm，每两条灌排丰产沟间的厢面宽 3m，每隔 25～30m 开横沟，沟宽 20cm、沟深 15cm 左右。播种期若田面积水，可及时清沟理墒排水，确保排水畅通，降低地下水位，保证出苗质量。

5. 少耕灭茬施肥一体化条播作业 采用多功能复式作业小麦播种机进行土壤条带旋耕、施肥、播种一次性作业，种植行距 15cm，旋耕作业深度 8～10cm，旋耕带宽度 8cm 左右。播种深度 3～4cm 左右，耕深稳定性 ≥90%。作业过程中要严把播种质量关，做到播行直、深浅合适。结合播种机设计，化肥施于旋耕带，氮肥基追比 6：4 为宜，纯氮总量 14～20kg/亩，P_2O_5 总量 8～10kg/亩，K_2O 总量 8～10kg/亩。

三、技术示范推广情况

该技术先后在江苏、浙江等地进行多年示范验证，近 3 年累计推广面积 1 382.7 万亩，新模式周年增产 9.8%～13.5%，氮肥利用率提高 10.7%～15.7%、增收 12.1%～16.3%。相关成果于 2015 年获农业部中华农业科技奖二等奖，2018 年中国农学会评价认为"成果总体处于国际先进，其中作物响应机制和改土调墒耕作技术达到国际领先水平"。

四、未来推广应用的适宜区域、前景预测和注意事项

（一）技术适宜推广应用的区域

该技术适宜于稻麦两熟主产区域，如江苏、安徽、浙江、湖北、成都平原地区以及河南南部等地区。

（二）未来前景预测

目前，该技术已在我国稻麦两熟区大面积推广应用。其中，长江三角洲水稻-小麦 60% 以上采用了沟畦配套轮耕技术，大幅度降低了生产成本，提升了稻麦产业的竞争力。另外，该技术已被纳入农业农村部部省级主管部门的主推技术内容。总之，该技术可为我国其他粮食主产区作物生产适应气候变化，实现周年丰产减排提供技术支撑。

（三）技术推广中需要注意的事项

① 该技术适宜于壤性土质，对于偏黏性的土质（如砂姜黑土），作业效果会受影响，尤其是耕种时，对土壤含水率的要求比较高，因此在该类地区应严格控制茬口期的灌排；

② 该技术对播种施肥一体机和播种质量的要求高，应尽量选择适合当地生产模式的播种机具。

技术负责人和依托单位

1. 推荐单位信息

推荐单位：中国农业科学院作物科学研究所

联系人：鲁玉清

联系地址：北京市海淀区中关村南大街 12 号

邮政编码：100081

电子邮箱：luyuqing@caas.cn

2. 技术负责人和依托单位信息

技术负责人：张俊、张卫建、董召荣、陈阜、邓艾兴、何瑞银、刘建、宋振伟、陈长青、宋贺、彭廷

依托单位：中国农业科学院作物科学研究所、中国农业大学、南京农业大学、安徽农业大学、江苏省农业科学院沿江地区农业科学研究所、河南农业大学

联系地址：北京市海淀区中关村南大街 12 号

邮政编码：100081

联系电话：15810789930

电子邮箱：zhangweijian@caas.cn

第五节　北京地区夏玉米缓释肥一次性底施技术

一、技术背景

北京地区夏玉米生长期为每年的 6 月上中旬至 10 月初，该时段恰逢汛期，降雨量占全年 80% 以上。夏玉米常规施肥，一般选用复合肥做底肥，中后期选用尿素等肥料做追施，主要以地表撒施为主，肥料中氮磷养分容易随降雨流失。与普通肥料不同，缓释肥养分释放特征与夏玉米需肥特点一致，一次施入，养分逐步释放，能够持续保障夏玉米整个生育期的养分供应。试验数据表明，缓释肥一次性底施方式比传统底追结合施肥作业的总氮流失率减少 6 倍以上。

二、技术要点

（一）玉米品种选择与播种量

选择丰产，抗逆性强的夏玉米品种。优先选用包衣种子，纯度、净度、发芽率分别均需达到 95% 以上，大小需均匀一致，适合单粒播种。必要时在播种前做发芽率试验。亩播种量 2.5～4kg。

（二）缓释肥品种选择与用量

缓释肥推荐使用颗粒状，不结块，氮磷钾比例为 26：9：10、25：10：10、26：8：12 或相近配方、缓释养分释放期大于 60d 的夏玉米专用缓释肥。

缓释肥用量根据种植品种和目标产量进行适当调整。籽粒玉米：目标产量 650～750kg/亩，推荐一次性底施缓释肥 45～50kg/亩；目标产量在 550～650kg/亩，推荐一次性底施缓释肥 40～45kg/亩。青贮玉米：目标产量 3 200～3 800kg/亩，推荐一次性底施缓释肥 40～50kg/亩。

（三）农机选择

播种机需选用能够一次性完成开沟、施肥、播种、覆土、镇压等多道工序。可选用工作行数 4 行，行距可调范围 50～70cm，配套 25～40 马力拖拉机作牵引的精量播种施肥机。

（四）播种施肥方法

1. 播种时间　根据前茬作物收获时间和土壤墒情，免耕播种夏玉米一般需在 6 月中旬完成。

2. 调节设备　播种前调节播种机的排种管和排肥管深度，调节排种管入土深度至 3～5cm，调节排肥管至入土深度 10cm。同时调整排种管和排肥管之间的距离 7～10cm，确保肥料在种子的侧下方 7～10cm，防止种肥距离过近，导致烧苗。

3. 机械播施　采用玉米精量播种施肥机械，一穴一粒，株距 20cm 左右，行距 60cm 左右，播种时种肥隔离，种肥间隔 5cm 以上，播种深度 3～5cm，肥料在种子的侧下方 5～8cm。

三、技术示范推广情况

（一）示范推广应用概况

2009 年至今，在北京市财政项目和"十二五""十三五"国家水专项的支持下，在北京市累计推广应用缓释肥 1.9 万余 t，示范推广近 40 万亩。

（二）取得效益情况

试验示范数据表明，与传统施肥相比，该项技术实现了玉米播种、施肥作业二合一；在保证玉米稳产的同时，实现了亩均节肥 20%～38.7%，亩均节省追肥人工 1～2 个，农田总氮径流流失率降低了 85%。

（三）获得的评价或鉴定情况

1. 技术满意度　根据对示范户的满意度调查数据，用户对该项技术的满意度在 90% 以上。

2. 获得科技奖励情况　以该项技术作为主要技术成果之一，参与申报并获得的科技奖励及获奖成果名称如下：

中华农业科技奖一等奖——《京津冀环境友好生态施肥关键技术与应用》；

全国农牧渔业丰收奖一等奖——《测土配方施肥技术推广应用》；

北京市农业技术推广奖一等奖——《测土配方施肥技术推广应用技术》。

四、未来推广应用的适用区域、前景预测和注意事项

（一）技术适宜推广应用的区域

该技术适宜在北京平原地区应用。

（二）未来推广前景预测

该技术操作省工、省力、省时，便于机械化、标准化作业，应用前景良好。

（三）技术推广应用中需要注意的事项

玉米种植是一项集种子、栽培、土肥、植保、农机等多学科知识于一体的综合性农业技术。其中任何一项技术运用不当，都极有可能造成玉米减产。在技术推广应用中，应注重加强各技术间的融合。

技术负责人和依托单位

推荐单位：北京市土肥工作站

技术负责人：文方芳、刘自飞、张雪莲

联系地址：北京市西城区裕民中路 6 号

联系电话：010 - 82994872

电子邮箱：bjstfzsts@163.com

第六节 南方山地玉米控释配方肥免追高效施肥技术

一、技术背景

南方山地玉米生产是我国玉米生产的重要组成部分，也是我国玉米各主产区中生产投入较高和相对产出较低的地区。由于特殊的气候、地形条件，以及生产过程中化肥大量施用，造成资源和环境的矛盾日益突出，农业可持续发展也面临巨大挑战。控释肥等新型肥料在提升玉米生产量，提高肥料利用率和降低活性氮损失方面具有显著效果，并具有良好的环境适应性。而合理的农艺管理措施并配套合适的农业机械对控释配方肥进行一次性施用，可在保证玉米高产和养分高效的同时，显著降低活性氮损失，实现玉米可持续生产；同时节肥省工，减少种植管理环节。

南方山地玉米专用控释配方肥及机械化一次性施肥技术的应用，可以协同提高作物生产的农学、经济与环境效益，为南方山地玉米产业的绿色可持续发展提供新思路与切实可行的参考策略。

二、技术要点

(一)肥料设计及用量

1. 南方山地玉米专用控释配方肥设计　依据玉米的养分需求动态规律、基于南方山地玉米生育期特点、水分条件、土壤养分特征，采用高质量、低成本的控释肥料设计南方山地玉米专用控释配方肥系列产品。南方山地玉米专用控释配方肥的配方内容包括：总施肥量、氮磷钾养分配比、控释氮肥和速效氮肥比例、不同控释期的控释氮肥比例等。

2. 施肥量的确定　根据不同生产的目标产量确定南方山地玉米专用控释配方肥的用量。

3. 控释肥释放期的选择　肥养分的释放时间，以控释养分在 25℃ 静水中浸提开始至达到 80% 的累积养分释放率所需的时间（d）来表示。根据各主产区生态条件、土壤肥力、玉米生育期和产量水平，南方山地地区要同时选用 2 个月和 3 个月的控释尿素配合使用。

4. 控释肥添加比例的确定　以产量水平和生育期降雨（灌溉）量为控释肥添加比例的设计依据。生育期内降雨（灌溉）量大于 400mm，控释氮肥占总氮肥比例为 1：2；生育期内降雨（灌溉）量低于 400mm，控释氮肥占总氮肥为 30%～40%。

(二)机械选择及设定

1. 机具选择与使用　根据南方山地玉米土壤耕作与栽培技术、土壤条件等，选择具备可调节施肥量和施肥深度功能的相关机具，且符合 GB/T 15369、GB/T 20346.1、GB/T 20346.2 和 GB/T 20865 等国家标准的规定。

2. 排肥器及用量设定　根据南方山地玉米专用控释配方肥产品的设计用量（kg/亩），准确调整排肥器，使施肥机械满足肥料施入量要求。

(三)施肥作业流程

1. 施肥时间确定　种肥异位同播，待土壤墒情适宜时进行播种与施肥操作。

2. 施肥深度及种肥间距　肥料在种子侧下方，肥料施入深度 8～10cm，种子播深 4～5cm，肥料与种子水平间距 10～15cm。

3. 施肥作业　在机械选择、深度调试和机械施肥用量设定后，一次性将玉米专用控释配方肥结合玉米播种同时施入土壤。

4. 施肥质量检查　施肥开始阶段，除去施肥行表土，用尺子测量施肥深度是否符合要求，早发现早调整；施肥过程中，随机抽查测量不少于 20 个样点，合格率

90%以上即通过。

三、技术示范情况

（一）示范推广情况

南方山地玉米控释配方肥免追高效施肥技术在西南玉米主产区 6 个省份的 18 个试验点进行了多年多点的示范试验，同时建立百亩以上的示范方 7 个，在大规模实际生产条件下验证技术的可操作性和增产增效潜力。在国家重点研发计划——化学肥料和农药减施增效综合技术研发中，南方山地玉米化肥农药减施技术集成研究进行了大面积示范，目前累计面积已达 4 500 余亩。

（二）稳粮保供与节本增收

多年多点的田间联网示范试验和 7 个百亩示范方连续 2 年示范应用的结果表明，南方山地玉米控释配方肥免追高效施肥技术平均亩产 673kg，较普通农户田间管理增产 12.0%；平均每亩总养分投入 23.6kg，较普通农户田间管理节肥 20.8%；平均每亩施肥成本 188 元，较普通农户田间管理节约施肥成本 43 元。

（三）绿色减排

本技术模式在南方山地玉米的研究与应用结果表明，与农户传统施肥方式相比，玉米控释配方肥免追高效施肥技术可显著降低活性氮损失 2.2kg N/亩，减少温室气体排放 81kg CO_2 eq/亩，生产每 t 玉米籽粒的温室气体排放减少 9.0kg CO_2 eq/亩。玉米控释配方肥免追高效技术在南方山地玉米上应用，可大幅降低活性氮损失，同时显著降低温室气体排放，具有较大的减排潜力和绿色生产前景，具有重要的推广价值。

四、未来推广应用的适宜区域、前景预测和注意事项

本技术适宜在南方山地玉米主产区如四川、重庆、云南、贵州、湖北等地进行推广，能有效实现资源合理分配使用、保证作物高产高效、减少环境负面压力；该技术可在节省养分投入的同时大幅提高农民收入，并进一步减少劳动环节和劳动时间，增加潜在收益，实现农业可持续发展。

本技术注意事项如下：

（1）使用南方山地玉米控释配方肥免追高效施肥技术应选择适宜当地生产的机械。

（2）种、肥同播时注意排肥器和用量的设定，以及种、肥间距的设定。

（3）施肥后进行施肥质量的检查，早发现早调整。

技术负责人和依托单位

　　单位名称：西南大学资源环境学院

　　联系地址：重庆市北碚区天生路2号

　　邮政编码：400715

　　联系人：陈新平、张务帅

　　联系电话：023-68251082

　　电子邮箱：chenxp2017@swu.edu.cn

第七节　水稻旱直播甲烷减排增效技术模式

一、技术背景

　　水稻是我国最重要的粮食作物，水稻高产稳产对保障我国口粮安全尤为重要。目前秸秆全量还田正在作为一项固碳减排的重要举措被人们所推崇，但生产中仍存在秸秆还田困难、移栽水稻僵苗严重等问题，且秸秆还田后土壤还原性增强加剧了水稻生长前期甲烷的排放；同时水稻生产的总耗水量占农业用水量的比例达65%以上，亟须创新节水减排的种植技术，以降低稻田甲烷排放和灌溉用水量，提高稻田水资源利用效率。加之我国农村劳动力结构转移，现代农业生产逐渐趋向于经营规模化、机械化，亟须创新节本增效的新型耕种技术体系。另外，气候变暖背景下极端天气频繁发生，更是对作物生产适应能力提出了新的挑战。因此，如何解决劳动力缺乏、稻田甲烷排放高、作物适应能力不足等问题，开展省工省力、丰产增效、环境友好的稻作模式对我国水稻可持续发展显得尤为重要。

　　水稻旱直播甲烷减排增收技术模式是综合运用秸秆还田、土壤耕作、水分管理、群体调控、杂草及病虫害防治等措施形成的一套技术模式。该模式针对我国主要稻作系统（北方一熟稻区、稻麦轮作区）秸秆还田量大、土壤肥力下降、稻田甲烷排放高以及水资源利用率低等问题，结合各稻作系统生产特点，通过精细旱整地，种、肥一体化作业，控水增氧管理及病虫草害综合防治等技术集成，形成了不同稻作系统的水稻减排增收的旱直播技术模式。该技术模式不仅有利于降低水稻生长前期稻田甲烷排放，改善土壤团粒结构，增加有机质含量，同时还可节本省工，实现稻田丰产、减排、增收的协同。另外，该技术模式还具有操作简单、适用范围广、实用性强等特点。

二、技术要点

(一)前茬作物适时收获，秸秆全量粉碎还田

采用带有秸秆粉碎功能并带有抛撒装置的半喂入式水稻收割机收获水稻，秸秆粉

碎长度≤10cm，粉碎后秸秆均匀覆盖地表，留茬高度≤10cm，以保证还田质量，提高土壤有机质含量，实现固碳。

（二）选择适宜直播、抗逆性强的高产低碳排放水稻品种

根据当前气候变暖背景下水稻生长季温光差异，以及物候参数和茬口等特点，选择当地农业主管部门推荐或新近审定的适宜直播的丰产优质多抗水稻品种。

（三）适时适量播种，确保全苗与安全齐穗

根据直播稻的品种特性、茬口安排和当地气温，确定最佳播种期，做到适时适量播种，保证全苗和安全齐穗。

（四）精细整地、精量施肥一体化播种作业

各稻区根据土壤适耕性及前茬作物类型，秸秆还田后采用翻耕、旋耕、深旋、免耕相结合方式进行旱整地作业，采用水稻播种机进行施肥、旋耕、播种一体化作业，达到改善耕层结构，提高土壤通气性，促进水稻生长前期 CH_4 的氧化，起到减少 CH_4 排放的效果。

（五）湿润出苗，薄水分蘖，寸水壮苞，干湿壮籽

为达到控水增氧效果，水分管理应坚持"芽期湿润，苗期薄水，分蘖前期间歇灌溉，分蘖中后期够苗晒田，孕穗抽穗期灌寸水，壮籽期干干湿湿灌溉"的原则，这样有利于促进早期分蘖早发快发，减缓后期根系早衰，提高水稻光合产物积累，又可促进甲烷氧化，达到减少 CH_4 排放的目的。

（六）精准施肥，减肥减排

各地区具体施肥量应根据稻田土壤肥力、目标产量及测土配方参数进行调整，并根据肥料的 N、P、K 等有效养分含量进行换算，按需施肥，精准施肥，既可提高作物氮肥利用率，又可减少氮肥施用，间接降低 CH_4 排放。

（七）病虫草害高效综合防治

杂草高效防治采用"一封、二杀、三补"的策略。病虫害防治坚持"预防为主、绿色防控、综合防治"的原则。主要防治：稻瘟病、纹枯病、稻曲病、白叶枯病等病害，二化螟、稻纵卷叶螟、稻飞虱、潜叶蝇等虫害。具体实施中，由于农药产品供应、主要病虫害种类、水稻生育期期差异，要及时了解当地的虫情预报，咨询植保技术人员，科学施药。

（八）具体实施

1. 北方稻区水稻旱直播减排增收技术模式

（1）秋季适时收获，秸秆粉碎均匀抛撒还田。采用带有秸秆粉碎功能并带有抛洒装置的半喂入式收割机收获水稻，秸秆粉碎长度≤10cm，粉碎后秸秆均匀覆盖地表，留茬高度≤10cm。

（2）所选品种应包含耐低温、发芽势强、顶土能力强、适宜密植和抗倒伏等特

点。黑龙江省应选择比当地移栽稻所需有效积温少 200℃ 左右的品种；吉林和辽宁稻作区需根据水稻生长季有效积温来选择合适的水稻品种。

（3）适时适量播种，保证全苗和安全齐穗。对于积温 2 100～2 700℃ 地区，日均气温稳定通过 5℃ 以上即可播种，适宜播种期一般在 4 月下旬至 5 月初，播种量 12～15kg/亩。积温＞2 700℃ 地区日平均气温稳定保持在 10～12℃ 后即可播种，一般吉林省在 5 月 10 日左右，每亩播量 15kg 左右；辽宁省 5 月 20 日左右，播种量每亩 5～6kg。

（4）旱整地，精量施肥一体化播种作业。当土壤含水量≤30％ 时及时旱整地，高爽田采用秋旋方式，旋深 10～15cm；低洼易涝田采用浅翻，翻深 15～20cm。春播前，土壤含水量降至 30％ 以下时进行春旋地，旋深 10～15cm，土块直径小于 1cm 为宜。对于高低差较大的田块需机械平地，保证同一田块内落差≤3cm。可采用条播或穴播的方式，一般行距 20～25cm 或穴距 8～10cm，播种深度 4～5cm，覆土 1.5～2cm，镇压保墒。播前应根据品种特性设置好播量和行距，播种时要做到播量准确、播行直、落粒匀。

（5）移密补稀。对于缺苗断垄严重的田块，在水稻 3～5 叶期，应及时进行人工补苗，确保全苗。

（6）湿润出苗，浅水促分蘖，适时晒田，控无效分蘖，孕穗期寸水保花，灌浆期干湿交替养根促灌浆。结合土壤墒情，借水出苗，若土壤墒情不足，播种后保持水层 3～5cm 至种子吸足水分后车水露出地面，出苗（50％ 稻芽顶盖，约 3～4d）后，过 1 遍透水，出苗后至 4 叶期保持土壤湿润，期间水层需逐次加深；4 叶期开始建立 3～5cm 水层，增温促蘖。有效分蘖够苗后排水晒田 7～10d，晒田后恢复正常水层。孕穗期如遇 17℃ 以下低温时，提前灌深水（10～15cm），护胎保花。黄熟初期适时排水晾田。

（7）合理氮肥施用。整个水稻生育期黑龙江省纯氮用量 8～10kg/亩，吉林省 10～12kg/亩，辽宁省 10～18kg/亩，具体各生态点肥料用量因地而异。$N : P_2O_5 : K_2O = 2 : 1 : 1$，其中基肥用量 40％～60％，随播种作业一次性施入分蘖期追肥 30％～40％，穗肥 10％～20％，磷肥全部基施，钾肥 60％～70％ 基施，30％～40％ 作穗肥施入。

（8）杂草防治。采用"一封、二杀、三补"的除草策略。"一封"在播种后出苗前，针对所有类型水田杂草，可用噁草酮＋丁草胺乳油兑水喷雾进行田面封闭。"二杀"一般在 2 叶 1 心时，主要为禾本科杂草和莎草科杂草，可用氰氟草酯＋灭草松，或禾大壮乳油＋吡嘧磺隆可湿性粉剂喷施。"三补"一般在 3.1 至 3.5 叶龄，一般为大龄禾本科杂草，可用噁肟＋丙草胺，或二氯喹啉酸可湿性粉剂＋五氟磺草胺兑水喷施。

(9) 病虫害防治。主要防治立枯病、稻瘟病、纹枯病等病害和负泥虫、二化螟等虫害。其中，立枯病多发生于旱直播稻出苗后持续低温与寡照天气，可根据天气预报提前灌 3～5cm 水层，以水增温，用甲霜灵、噁霉灵和氰霜唑等防治药剂提早预防。稻瘟病则应根据发病部位及时防治，穗颈瘟防治应在水稻始穗期、齐穗期各喷一次药剂进行预防。齐穗后视天气状况补施药剂预防枝梗瘟和谷粒瘟。防治药剂可用枯草芽孢杆菌、寡聚糖、烯肟菌胺·戊唑醇、嘧菌酯、咪鲜胺、三环唑等，并可兼防纹枯病等真菌性病害。对于虫害，负泥虫发生盛期，在清晨有露水时，用扫帚将幼虫扫落于水中，或用吡虫啉、啶虫脒等药剂喷药防治。对于二化螟，成虫期防治效果最佳，用杀虫灯或性诱剂诱杀，或在卵孵化至低龄幼虫高峰期，用苏云金杆菌（BT）、三唑磷、杀虫双、杀虫单等药剂喷雾防治。

2. 水旱两熟区水稻旱直播减排增收技术模式

(1) 前茬作物适时收获，秸秆全量粉碎还田。若前茬作物为小麦，则采用半喂入式联合收割机进行收获，留茬高度≤10cm，秸秆切碎匀抛后，保持甩刀高速旋转并贴近土表，确保灭茬和粉碎达到较细的程度。对于冬闲或油菜、绿肥等茬口期较长的作物，则可根据生育期适时秸秆粉碎（绿肥则是盛花期粉碎），然后进行整地作业。

(2) 选择分蘖性强、根系发达、生育期适宜、穗型较大及抗逆性较强的品种。其中，长江三角洲地区宜选择生育期 155～160d 的粳稻品种，如宁粳 7 号、南粳 9108、南粳 5055 等。长江中下游湖北和安徽等地区宜选择生育期较短（120～140d）、分蘖力强、抗倒伏抗病、适宜密植、产量稳定的优质高产中稻品种，如广两优香 66、两优 289、丰两优香 1 号等品种。成都平原地区冬闲（水）田、蔬菜茬田宜选择生育期 150d 左右的品种，如蓉优 90、C 两优 0861、宜香优 2115 等；小麦和油菜茬田宜选择生育期 140d 左右的中稻或早稻品种，如五山丝苗、荃优华、天优华占等。

(3) 按照不同前茬类型和茬口期合理调整播期，确保全苗和安全齐穗。长江三角洲地区播种时间尽量要早，一般在 6 月 1—5 日，最晚不迟于 6 月 10 日。成都平原地区冬闲（水）田、蔬菜茬田尽量选择在 4 月中下旬播种；油菜和麦茬田，一般适宜播种期为 4 月下旬至 5 月中旬，最晚不迟于 5 月下旬。华中地区前茬作物是油菜或者大麦，宜 5 月 5—20 日播种；前茬是小麦则要抢种，不迟于 5 月 25 日。常规稻播种量每亩 3～5kg，杂交稻每亩 1.5～2kg。

(4) 前茬作物秸秆还田后进行旱整地作业，采用翻耕、旋耕、深旋、免耕相结合的作业方式。对于地表板结、土壤黏重、残茬高和杂草多的地块宜翻耕掩茬，耕深 20cm 左右。然后旋耕带耙平旋耕深度在 15cm 左右，做到耙透、耙匀、耙碎、耙实，无明暗坷垃，土壤上虚下实；对于土壤质地疏松、耕层深厚肥沃、残茬浅和杂草少的地块宜浅旋耕，耕深 12～15cm。整地后要达到秸秆与表层土壤充分混匀，田面平整，落差≤3cm。秸秆还田后，采用旋播施肥一体机，一次性完成旋耕、播种、施肥、覆土作业。若采用人工撒播，按墒宽 3m 拉绳开沟，整平墒面，按墒称种，均匀撒播，播种后用手扶拖拉机盖籽或采用人工扫种盖籽，将种子盖入土中 1～2cm；也可用免耕机条播，播种深度在 1.5cm 左右，播种后按墒宽 3m 拉绳机械开沟。

（5）移密补稀。 在秧苗 3～4 叶期，进行匀苗。对田间秧苗较密的地方，要拔除部分秧苗，并将拔出的秧苗补种到秧苗较稀的地方，促进秧苗分布均匀、平衡生长，以提高群体质量和产量。

（6）沟畦配套，厢沟浸润灌溉。 田间开设灌排丰产沟，其上宽 30cm，下宽 20cm，深 15cm，每两条灌排丰产沟间的厢面宽 3m，每隔 25～30m 开横沟，沟宽 20cm，沟深 15cm 左右。整个生长季进行厢沟浸润灌溉，苗期保持浅水层 2～3cm，促进水稻活棵和分蘖快发；分蘖盛期和拔节期保持丰产沟内满水，厢面无明显水层；穗分化和孕穗期保持浅水层 2～3cm，促进穗发育；灌浆期进行干湿交替保持土壤湿润，既有利于水稻物质积累，有可提高耕层含氧量，促进甲烷氧化，实现甲烷减排。

（7）精准施肥。 施肥应遵循"前促（促分蘖、促生长发育），中控（控无效分蘖、控疯长，防群体密度过大、防倒伏），后补（提高结实率、防止早衰和贪青晚熟）"的原则，施足基肥，分期追肥。基肥：分蘖肥：穗肥＝（4～5）：（3～4）：（2～3），N：P_2O_5：K_2O 一般为 2：1：1～2。纯氮总量 12～20kg/亩，各区域用量因地而异，其中基肥为水稻专用复合肥（氮磷钾有效成分含量 15%-15%-15%），4 叶期追施分蘖肥，之后根据水稻长势"看苗施肥"，拔节后分 1～2 次追施穗肥。

（8）杂草防治。 以化学治理为主，人工拔除为辅，以土壤处理为主，茎叶处理为辅。做到"一封、二杀、三补"。一封（土壤封闭）：旱直播播后上足跑马水，待自然落干后化除。未催芽稻种在播种后 2 天内，用丁噁乳油；催芽稻种（崩胸露白即可）在播种后 3～4 天，用苄嘧·丙草胺可湿性粉剂；或在播后苗前（杂草 1 叶前）用异隆·丙·氯吡可湿性粉剂兑水对土表进行均匀喷雾。药后至水稻齐苗前保持田间湿润无积水，遇田面干旱时，速灌速排跑马水。二杀（茎叶处理）：以禾本科杂草为主的田块，应在秧苗 2.5 叶以上，杂草 1.5～3 叶期时防治。仅以稗草为主的，用吡嘧·二氯喹啉酸可湿性粉剂或五氟磺草胺油悬浮剂化除，同时兼治部分一年生莎草和阔叶杂草；以稗草和千金子为主的，或者还同时混生其他禾本科杂草的，用噁唑酰草胺乳油＋氰氟草酯乳油进行防治；以莎草或阔叶杂草为主的田块，在水稻分蘖末期至拔节前防治。用 2 甲·灭草松水剂或灭草松水剂＋二甲四氯水剂，或单用二甲四氯水剂，在排干田水并待露水干后，兑水均匀喷雾，药后 1～2 天复水并正常管理。三补（后期补除）：采取人工拔除的方法。

（9）病虫害防治。 主要病害为纹枯病和稻瘟病。防治纹枯病的第 1 次用药应掌握在病穴率 5％左右时进行，以后则根据病害发生情况决定用药时间。用噻呋酰胺悬浮剂或烯肟·戊唑醇悬浮剂兑水喷雾。防治稻瘟病的最适宜施药时期是破口期，用三环唑水分散粒剂或肟菌·戊唑醇水分散粒剂兑水喷雾防治。防治稻曲病应在孕穗中、后期用苯甲·丙环唑乳油兑水对穗部进行喷雾。直播稻主要虫害是稻纵卷叶螟和褐飞虱。对于稻纵卷叶螟，在稻纵卷叶螟卵孵高峰期至 1 龄幼虫盛期，用氯虫苯甲酰胺悬浮剂或甲维·毒死蜱乳油兑水喷雾防治。对于褐飞虱，在褐飞虱若虫 2～3 龄盛期，用吡蚜酮可湿性粉剂或烯啶虫胺水剂兑水对稻株中下部喷雾防治。

三、技术示范推广情况

该技术在宁夏、黑龙江、江苏等地进行多年示范验证，近 3 年累计推广面积 1 378.4 万亩，水稻增产 5％～8％，甲烷减排 20.0％～41.5％，氮肥利用率提高 6％～15％，灌溉水用量节约 10％以上，节本增收 10％～15％。部分成果于 2019 年获黑龙江省政府科技进步一等奖。

四、未来推广应用的适宜区域、前景预测和注意事项

（一）技术适宜推广应用的区域

该技术适宜于北方一熟稻区黑龙江、吉林、辽宁、宁夏等水稻产区（盐碱地除外）；稻麦两熟主产区域江苏、安徽、浙江、湖北、成都平原以及河南南部等地区。

（二）未来前景预测

目前，该技术已在我国水旱两熟区大面积推广应用。其中，长江三角洲地区使用率已超过 50％；北方稻区已加大技术推广力度，部分省份已基本实现全覆盖。该技术可有效解决气候变暖下部分地区茬口紧张、劳动力不足、水分利用率低等问题，省去育秧、运秧等环节，降低了人工成本和运输成本；旱种水管的管理方式可有效提高井灌区或淡水资源有限地区的水分利用效率；同时，该技术减少甲烷达 40％以上，减排效果显著。总之，该技术可为我国其他粮食主产区作物生产适应气候变化，实现周年减排增收提供技术支撑。

（三）技术推广中需要注意的事项

① 该技术在偏黏性土壤上，实施效果会受影响，尤其是耕种时，对土壤含水量要求和整地质量要求比较高，因此在该类地区应严格控制茬口期的灌排；

② 该技术对播种施肥一体机和播种质量的要求高，应尽量选择适合本地区生产模式的播种机具，确保全苗。

③ 病虫草害药剂防治过程中，需随时关注天气，并做好田间水分管理。

技术负责人和依托单位

1. 推荐单位信息

推荐单位：中国农业科学院作物科学研究所

联系人：鲁玉清

联系地址：北京市海淀区中关村南大街 12 号

邮政编码：100081

电子邮箱：luyuqing@caas.cn

2. 技术负责人和依托单位信息

技术负责人：张俊、张卫建、陈阜、邓艾兴、宋振伟、何瑞银、殷延勃、张喜娟、刘建、董文军

依托单位：中国农业科学院作物科学研究所、中国农业大学、南京农业大学、宁夏农林科学院农作物研究所、江苏省农业科学院沿江地区农业科学研究所、黑龙江省农业科学院耕作栽培研究所

联系地址：北京市海淀区中关村南大街 12 号

邮政编码：100081

联系电话：15810789930

电子邮箱：zhangweijian@caas.cn

第四类
农田生态高效种植技术模式

第一节 湖北省"稻＋鸭＋蛙"生态种养模式

一、技术背景

20 世纪 80 年代以来，稻鸭共育、稻蛙共作技术在全国各地应用广泛，有效提高了种粮经济效益，保护了农田生态环境。近年来，湖北依托绿色高产高效创建、农业重大技术协同推广等农业项目，洞庭生态经济区、秦克湖流域面源污染治理等生态项目，在原有"稻鸭共育""稻蛙共作"模式基础上，结合江汉平原区域实际，创新发展了"稻＋鸭＋蛙"生态种养模式，为全省水稻绿色生产提供了范例。

"稻＋鸭＋蛙"生态种养模式是以稻田为基础，以水稻生产为核心，将水稻种植与鸭子和青蛙投放有机结合的"一地多用、一季多收"的绿色高效模式。经过多年多地实践探索，稻鸭蛙生态种养模式可实现减少农药使用量 90% 以上，减少化肥使用量 50% 以上，亩平均增收 1 500 元左右，取得了提质增效、生态好转的初步成效，对稳定产能、保护环境有着积极作用，为农业全域高质量发展奠定了基础。

二、技术要点

（一）集成十项技术

统一落实绿肥、沤泡稻蔸、集中育秧、安装太阳能杀虫灯、投放役鸭、助养投放青蛙、安装性诱捕器、安放生物导弹（赤眼蜂＋病毒）、种植诱集植物、酸性氧化电位水十项绿色生产技术，全程禁施化学农药、化学肥料。

（二）把握时间节点

1. 冬闲绿肥 9 月 15 日左右播种，每亩播种紫云英 1.75kg，田间开好三沟，防渍水。

2. 翻耕沤泡 3月底，插秧前10～15d，雨后田间湿润时翻耕，干晒7～10d，至土壤发白，再灌水3～5d，后整田机插秧。天气晴好则沤泡10d，阴雨天气则15d。

3. 投放役鸭 3月20日左右稻鸭开始孵蛋，出壳后育雏至鸭龄15d，正值插秧后15d，即4月25日至5月7日投放鸭苗，每亩投放15只。4月25日前田间建好鸭舍、围网，鸭舍每5亩建1个。

4. 投放青蛙 齐穗后移鸭出田，亩投放40g重青蛙60～80只。

(三) 水肥管理

稻田全程不施化肥，每亩施用含氮量为5％的有机生物肥，基肥80kg，分蘖肥40kg，收割前15d施再生稻促芽肥40kg。稻田保持水层，水深以鸭脚刚好能触到泥土为宜，便于鸭在活动中充分搅拌泥土，水的深度需随鸭生长逐渐增加。每天辅助饲料喂鸭1次，稻田内杂草多的地方，可以适量投放饲料，吸引鸭子除草。

(四) 适时晒田

亩最高苗达23万左右时晒田，移鸭出田到沟渠、池塘，复水后，再将鸭子还田。

三、技术示范推广情况

"稻＋鸭＋蛙"生态种养模式发展过程中，分化出三个分支：一是鸭蛙＋再生稻，收中稻、再生稻两茬；二是五彩鸭＋蛙香稻，只收中稻一季；三是创意鸭＋蛙香稻，主要体现一二三产融合。为了推动模式产业化发展，坚持按照"龙头＋合作社＋基地"生产模式，持续推进规模化基地建设、标准化周年生产、品牌化产品运营，加快模式创新、品种优化和技术创新，建设了一批成熟的示范基地。规划5年内在石首市建设10万亩"鸭＋蛙＋稻"有机食品产区，打造"石之首鸭蛙香"国家地理标志品牌。

四、未来推广应用的适宜区域、前景预测和注意事项

(一) 适宜区域

"稻＋鸭＋蛙"生态种养模式适于长江中下游单双季稻产区。

(二) 前景预测

该模式水稻生产全程不用化学农药，减少或不使用化肥，可达到提高农业效益、提升水稻品质、改善生态环境的效果，符合"绿水青山就是金山银山"的理念，发展前景非常广阔。

(三) 注意事项

从多年的实践来看，鸭子对除稗草效果不佳。

技术负责人和依托单位

　　单位名称：武汉市武昌区武珞路 519 号

　　单位联系人：曹鹏

　　联系电话：027 - 87667157

　　电子信箱：c_p_cp@163.com

　　技术负责人：付维新

　　联系地址：荆州市石首市东方大道 221 号石首市农业技术推广中心

　　技术依托单位：湖北省农业技术推广总站、湖北省农业科学院粮食作物研究所、荆州农业科学院、石首市农业技术推广中心

　　联系电话：13997599791

　　电子邮箱：344295185@qq.com

第二节 湖北省"稻虾共作"生态种养模式

一、模式背景

　　水稻是湖北第一大粮食作物，常年种植面积 3 500 万亩左右，稻田周年生产模式以稻-麦、稻-油轮作为主。由于农业生产成本逐年增加、农产品价格持续低迷、面源污染压力增大、秸秆综合回收利用难度加大等不利因素影响，传统水稻种植模式经济效益、生态效益、社会效益不断下滑，农民种稻意愿下降，粮食安全受到威胁。

　　"十三五"以来，为实现稳粮提质增效目标，湖北省大力实施水稻产业提升计划，大力推广"稻虾共作"等"水稻＋"绿色高质高效模式。相比传统生产模式，稻虾共作模式全年可收获一季稻一季虾或一季稻两季虾，亩增收可达 3 000 元以上，全面提升了稻田综合生产效益，推动粮食生产高质量发展。

二、模式要点

（一）稻田改造

　　选择生态环境良好，远离污染源，水源充足，排灌方便，保水性能好的稻田。面积大小不限，一般以 50 亩为宜，分挖沟、筑埂、安装防逃设施和进排水设施等 4 步改造。

（二）移栽植物和投放有益生物

　　虾沟消毒 3～5 d 后，在沟内移栽轮叶黑藻、马来眼子菜、水花生等水生植物，栽植面积控制在总面积的 10% 左右。在虾种投放前后，沟内投放水蚯蚓、田螺、河蚌等有益生物，既可净化水质，又能为小龙虾提供丰富的天然饵料。

（三）养殖模式

1. 投放亲虾养殖模式　初次养殖虾稻田在 8 月底至 9 月，往环形沟和田间沟中投放亲虾，每亩投放 20～30kg；已养的稻田每亩投放 5～10kg。亲虾按雌、雄性比 2～3：1 投放。

2. 投放幼虾养殖模式　投放幼虾模式有两种，一是 9—10 月投放人工繁殖的虾苗，每亩投放规格为 2～3cm 的虾苗 1.5 万尾左右。二是在 4—5 月投放人工培育的幼虾，每亩投放规格为 3～4cm 的幼虾 1 万尾左右。

（四）饲养管理

1. 投饲　12 月前每月宜投一次水草和腐熟的农家肥。每周宜在田埂边的平台浅水处投喂一次动物性饲料，投喂量一般以虾总重量的 2%～5% 为宜，具体投喂量应根据气候和虾的摄食情况调整。当水温低于 12℃ 时，可不投喂。翌年 3 月，当水温上升到 16℃ 以上，每个月投二次水草，施一次腐熟的农家肥，每周投喂一次动物性饲料，每日傍晚还应投喂 1 次人工饲料。

2. 经常巡查，调控水深　11—12 月保持田面水深 30～50cm，随着气温的下降，逐渐加深水位至 40～60cm。翌年 3 月水温回升时，用调节水深的办法来控制水温，使水温更适合小龙虾的生长。

（五）防止敌害

稻田的肉食性鱼类（如黑鱼、鳝、鲶等）、老鼠、水蛇、蛙类以及各种鸟类、水禽等均能捕食小龙虾。可通过安装密网、鼠夹、鼠笼或人工捕捉等方法防治。

（六）水稻栽培

1. 品种选择　种一季中稻或一季晚稻，选择株型紧凑、抗病力强、抗倒力强的省、市水稻主导品种。

2. 秧苗移栽　秧苗一般在 6 月上中旬开始移植，抛秧做到薄水抛栽、寸水活棵、浅水分蘖；机插秧采取宽行窄株、浅水栽插的方法移栽。密度 1.3 万～1.6 万穴/亩，基本苗 4 万～6 万，既确保小龙虾生活环境通风透气性能好，又达到水稻高产的标准。

3. 科学施肥　坚持"前促中控后补"原则，施肥总量每亩纯氮施 12～14kg、P_2O_5 施 5～7kg、K_2O 施 8～10kg。严禁使用对小龙虾有害的化肥，如氨水和碳酸氢铵等。

4. 科学管水　总的原则是：薄水抛栽，浅水分蘖，够苗晒田；中期浅水勤灌，足水孕穗；抽穗后干干湿湿，养根保叶，活熟到老，收获前一周断水。特别是要抓好晒田，协调好水稻与小龙虾生长，晒田程度以"田土沉实、田不陷脚、叶色褪淡、叶片挺起"为宜。

5. 病虫草害防治　坚持"预防为主，综合防治"的原则，优先采用农业防治、物理防治和生物防治，配合使用化学防治，不用有机磷、菊酯类农药及高毒、高残留农药，遵守农药使用安全间隔期，防治好各类病虫害。除草忌用含氰氟草酯、噁草酮等对龙虾有毒的除草剂。

6. 及时收获 水稻黄熟期（稻谷成熟度达 90% 左右）收获，做到九成黄十成收，避免过青或过黄，影响产量与品质。

（七）收获上市

1. 成虾捕捞 捕捞时间：第一季捕捞时间 4 月中旬至 5 月下旬。第二季捕捞时间 8 月上旬至 9 月底。起捕方法：采用网目 2.5～3.0cm 的大网口地笼进行捕捞。

2. 幼虾补放 第一茬捕捞完后，根据稻田存留幼虾情况，每亩补放 3～4cm 幼虾 1 000～3 000 尾。

3. 亲虾留存 在 8—9 月成虾捕捞期间，前期是捕大留小，后期应捕小留大，要求亲虾存田量每亩不少于 15～20kg。

三、模式推广情况

（一）模式示范推广应用的领域、时间、地点、示范规模

虾稻共作模式应用领域包括种植业（水稻）和水产养殖业（小龙虾），截至 2019 年底，全省虾稻共作面积达到 680 万亩，示范带动全国 1 600 万亩，主产区包括湖北、江苏、湖南、安徽、江西、上海、广西等省区市。

（二）模式推广应用所取得的固氮减排、适应气候变化与防灾减灾等方面的增产增收和生态效益情况

虾稻共作模式充分利用水生动物生长所需食物链和稻谷生长营养需求的生态功能优势，有效控制了水稻病虫害和稻田杂草，增加水体营养盐，提高稻田土壤肥力，还有利于营养物质的循环利用，有利于降低稻田 CO_2 和 CH_4 的排放量，增加稻田的生态服务功能，从而减少化肥和农药使用量、减少面源污染、改善生态环境，生产出更多质量安全的稻米和水产品。

增产增收情况：此模式下中稻产量平均 500kg 以上、小龙虾产量 100kg 以上，每亩纯收益达到 3 000 元以上。

生态效益情况：虾稻共作模式实现了稻草全量还田以及小龙虾排泄物累积，有效改善土壤结构、增加土壤养分、提高土壤微生物的活性以及增加群落功能多样性，从而提高了土壤肥力，施氮量随模式年限的增加逐年下降，连续种养 5～6 年及以上的田块，其化肥施用量占中稻单作区的 50%～70%。病虫害防治通过物理防治（频振式杀虫灯诱杀）、农业防治（深水灭蛹、种植显花植物诱杀、科学施肥、延长晒田等）、生物防治（生物农药、性诱剂、带毒寄生蜂等）等绿色防控技术的应用，杀虫剂、杀菌剂用量较常规水稻田减少 30%～50%。

（三）获得的评价或鉴定情况等，以及获奖情况

《虾稻共作龙虾技术养殖规程》作为中国渔业协会行业技术规程于 2013 年 5 月发

布，用以指导全国小龙虾养殖。2016 年 9 月制定发布湖北省地方标准《虾稻共作水稻绿色种植技术规程》，指导规范虾稻共作模式发展。2017 年 6 月 20 日，农业部在湖北省潜江市召开了全国稻渔综合种养现场会，向全国推广潜江市以"虾稻共作"为核心的农业供给侧结构性改革做法。

四、未来推广应用的适宜区域、前景预测和注意事项

（一）技术适宜推广应用的区域

此模式适宜在长江中下游以及我国南方生态环境良好、远离污染源、底质自然结构、保水性能好、有毒有害物质不超标的水稻产区。

（二）未来推广前景预测

在保障粮食安全的前提下，虾稻共作种养规模以平稳增长为主，种养技术模式将进一步优化提升，主要目的是促进稻田养殖小龙虾的均衡上市，以及由"养大虾"向"大养虾"转变。随着社会经济的发展和扩大内需的政策导向，以及居民消费习惯的养成，小龙虾和虾稻米消费市场将稳步扩容，虾稻共作相比传统的稻-麦（油）种植模式仍将是一种生态健康、增产增收的好模式。

（三）模式推广应用中需要注意的事项

随着虾稻共作推广面积的逐步饱和，通过虾苗增产增收的时代已经结束，种养殖户要通过繁养分离、立体种养、标准化种养等技术培育精品大虾和提升水稻品质，才能确保收益。

技术负责人和依托单位

1. 单位名称：武汉市武昌区武珞路 519 号

   联系人：曹鹏

   联系电话：027 - 87667157

   电子信箱：c_p_cp@163.com

   技术负责人：程建平

2. 单位名称：武汉市洪山区南湖大道 3 号湖北省农科院粮食作物研究所

   联系电话：13277099386

   电子信箱：465323148@qq.com

   技术依托单位：湖北省农业技术推广总站、湖北省水产技术推广总站、湖北省农业科学院、潜江市水产技术推广中心

第三节 "水果甜玉米-晚稻"水旱轮作
绿色高效栽培技术模式

一、技术背景

浙江人多地少，素有"七山一水二分田"之说，耕地资源紧张，农业生产面临着农民种粮收益低和保障粮食储备安全的矛盾、过分依赖农药化肥和保护生态环境的矛盾。浙江省为促进节能减排、高效绿色农业发展，积极开展耕作制度改革创新。水果甜玉米收获后，秸秆全量机械还田，可以减少水稻病虫害的发生和化肥农药施用量，明显改善土壤结构，提高水稻和玉米的产量和品质，"水果甜玉米-水稻"水旱轮作模式经济、生态和社会效益显著，实现了亩产千斤粮万元钱的目标。

二、技术要点

（一）水果甜玉米绿色高值化栽培技术

1. 品种选择　选用品质好，植株高度适中，生育期短，可以生食的水果甜玉米品种，比如：雪甜7401（浙审玉2018003）、金银208（沪审玉2015009，浙引种〔2017〕第001号）等。

2. 适时播种，培育壮苗　一般在2月上中旬穴盘或营养钵育苗，若采用大、小拱棚等保温设施栽培，可适当提前育苗。加强苗床管理，注意冻害和高温，出苗前一定要保持苗床湿润，保证苗齐苗壮。出苗后控制浇水，防止徒长。苗龄在22～25d、3叶1心时进行移栽，移栽前3～5d进行揭膜炼苗。

3. 施足基肥，合理密植　整地前撒施农家有机肥15 000～30 000kg/hm² 或商品生物有机肥3 000～6 000kg/hm² 和三元复合肥（N∶P∶K为16∶16∶16，下同）600kg/hm²，深耕起畦，并盖好地膜，有条件的地区采用可降解地膜。每畦种植两行，移栽密度种植45 000～50 000株/hm²，移栽后浇定植水。

4. 加强田间管理，做好病虫害防治　苗成活后，在4～5叶时用75kg/hm² 尿素溶于水浇施苗肥，在大喇叭口期（8～10叶）施用穗肥300kg/hm² 尿素，施肥时可采用随水冲施的方法施入。视病虫害发生情况将杀虫剂（可选择氯虫苯甲酰胺、甲维盐、茚虫威、乙基多杀菌素和虫螨腈等为主要成分的药剂）和杀菌剂（可选择含嘧菌酯、吡唑醚菌酯、丙环唑为主要成分的药剂）混合一次性喷施，达到控制玉米螟、草地贪夜蛾等虫害和前移防治后期小斑病、纹枯病和南方锈病等病害的目的，特别是要注意防治草地贪夜蛾。水果甜玉米容易发生分蘖，要去除所有分蘖，生产上一般1株保留1个果穗，吐丝期及时进行疏穗。

5. 适时采收　在吐丝后20～25d采收，应结合外观分批采收，此时果穗花丝变深褐色，籽粒充分膨大饱满、色泽鲜亮，压挤时呈乳浆，采收后宜摊放在阴凉通风处，尽快上市，以保证果穗品质和口感。

（二）鲜食玉米秸秆机械粉碎还田技术

鲜食玉米收获后进行玉米根茬粉碎还田作业时，要控制好土壤的干湿度。鲜食玉米根茬粉碎还田机械的深度控制在 8～15cm 为佳。鲜食玉米根茬的破碎率应高于 90%，并将漏切率控制在 3% 以内，鲜食玉米根茬在粉碎之后其长度应在 10cm 以内，并且要 80% 以上的根茬长度要小于 5cm，还应将长度大于 5cm 的根茬量控制在根茬总量的 10% 以内。并且在完成鲜食玉米根茬粉碎还田作业后，其破土率也要高于 90%，并确保粉碎后的鲜食玉米根茬与破碎后的土壤实现了均匀地混拌，其中根茬混拌于土壤的覆盖率要高于 80%，并且还要保证其根茬碎片对土壤表面覆盖率要低于 40%。

（三）水稻绿色高值化栽培技术

1. 选用良种 宜选择穗型较大、分蘖力中等、抗倒性较强、米质优良的籼粳型或粳型水稻品种，如：甬优 1540、甬优 4550、甬优 7850、浙粳 96、嘉优中科 10 号等。

2. 施足基肥和整地 鲜食玉米采收后，秸秆粉碎全量还田，减少化学肥料用量，可以施碳酸氢铵 300～375kg/hm²、三元复合肥 225kg/hm²，耕、耙、耖整平田面，按畦宽 3～4m 留好操作沟，开好田中"十"字形丰产沟和四周围沟。

3. 催芽播种 可以采用直播、抛秧或机插种植。为保证水稻安全齐穗，浙中地区一般应在 6 月 28 日前播种，播前最好将种子晒 1～2d，以提高发芽率，然后用泥水或盐水选种，去杂去秕。一般杂交稻本田用种量 12～20kg/hm²，常规稻本田用种量 60～90kg/hm²，采用 25% 氰烯菌酯（亮地）2 000 倍或咪鲜胺（使百克）1 500 倍浸种 36～48h，清水淘洗后可以气体催芽。播时芽谷用 35% 丁硫克百威 15g 加 10% 吡虫啉 20g 混合均匀拌种，拌后马上播种，防虫防鸟，播后用铁铲或扫帚塌谷，有条件的可覆盖菜壳或麦芒。

4. 苗期管理 直播稻从播种到现青，土壤保持湿润，3 叶前湿润管理，以旱为主，通气增氧促长根，3 叶后建立浅水层促分蘖发生。2 叶 1 心时，施好断奶肥，施尿素 100～150kg/hm²，根据草害发生情况进行化学除草。在 3～4 叶期及时做好人工匀苗和补缺。

5. 大田管理 按照浅水护苗促分蘖，适时多次轻搁田，6 叶前以浅水管理为主，促进分蘖早生快发。当田间苗数达到预期穗数的 80% 左右放水搁田（苗足时间早的要早搁），采取多次搁的方法，并由轻到重搁，程度要求田边开细裂，田中不陷脚为度。在 5～6 叶期（分蘖）施复合肥 90～150kg/hm²；在圆秆拔节期（倒三叶抽出时）亩施尿素 75～120kg/hm²，加钾肥 120～150kg/hm² 作穗肥；在始穗、齐穗期结合防病治虫，以"喷施宝"等叶面肥进行根外施肥1～2次。重点防治好二化螟、稻纵卷叶螟、稻飞虱、纹枯病和稻曲病，具体防治意见可参照当地病虫情报，及时用药防治。齐穗后实行间歇灌溉保持田土湿润，以达到养根保叶，防止断水过早，收割前一周停止灌水。

6. 适时收获　当水稻95%以上谷粒黄熟时进行机械收割，切忌收获过早，以免影响结实率、千粒重和稻米品质。

三、技术示范推广情况

（一）技术示范推广应用的领域、时间、地点、示范规模

2018—2019年，"水果甜玉米-水稻"水旱轮作绿色高值化栽培技术模式在浙江省嵊州、建德、东阳、温州、嘉兴等地广泛推广应用，面积超过3 000hm²。

（二）技术推广应用所取得的固碳减排、适应气候变化与防灾减灾等方面的增产增收和生态效益情况

"水果甜玉米-水稻"水旱轮作绿色高值化栽培技术模式化肥用量减少20%，施用次数由4次减为3次，农药用量减少20%，施药次数由3次减少为1次，节约种植成本200元，经济、生态和社会效益显著，实现了亩产千斤粮万元钱的目标。2018—2019年，嵊州市过永华家庭农场水果甜玉米-晚稻种植情况和效益分析（表1），2018年全年产值达到174 570元/hm²；2019年全年产值160 800元/hm²。

表1　"水果甜玉米-晚稻"水旱轮作栽培模式产量和效益

年份	作物	面积（hm²）	产量（kg/hm²）	产值（元/hm²）	净利润（元/hm²）	年度总利润（元/hm²）
2018	水果甜玉米	1.73	12 750	150 000	69 000	74 550
	晚稻	1.73	8 190	24 570	5 550	
2019	水果甜玉米	7	13 230	154 500	93 000	99 300
	晚稻	7	10 425	33 360	6 300	

注：数据来源于嵊州市过永华家庭农场。

（三）获得的评价或鉴定情况等（专家评价或生产一线评价），该技术或以该技术为核心的成果获得科技奖励情况

该技术被浙江省农业农村厅列为2019年种植业主推技术，作为创新的农作制度向全省进行推广。

四、未来推广应用的适宜区域、前景预测和注意事项

（一）技术适宜推广应用的区域

该技术模式适宜南方鲜食玉米产区。

（二）未来推广前景预测

水旱轮作技术是增加产量、改善品质、提高种植业经济效益和确保农业可持续发展的重要措施之一，具有良好的经济、社会和生态效益，在南方浙江、广东等地区获得广泛应用。2016 年浙江省菜-稻水旱轮作种植面积超过 5.84 万 hm²。在浙江省单季稻种植区推广"鲜食水果甜玉米-晚稻水旱轮作"绿色高值化栽培技术模式，达到亩产千斤粮、万元钱，被浙江省农业农村厅列为浙江省种植业主推技术，种植面积逐年扩大，仅 2019 年鲜食玉米-水稻轮作应用面积超 2 000hm²。该技术具有较广阔的应用前景。

（三）技术推广应用中需要注意的事项

品种一般选择适合当地种植和消费习惯的鲜食玉米品种，鲜食玉米吐丝至采收时间较短，吐丝后严禁用药，以确保鲜果穗质量和食用安全。

技术负责人和依托单位

1. 浙江省农业科学院玉米与特色旱粮研究所
联系人及技术负责人：赵福成
联系地址：浙江省金华市东阳市城东街道塘西
联系电话：13575993986
电子邮箱：encliff@163.com
2. 广东省农业科学院农业资源与环境研究所
联系人及技术负责人：徐培智
联系地址：广州市天河区金颖路 66 号资环所
联系电话：13903071890
电子邮箱：pzxu007@163.com
技术负责人：解开治
联系地址：广州市天河区金颖路 66 号资环所
联系电话：13924101247
电子邮箱：xiekzgsau@163.com

第四节　玉米花生宽幅间作减排固碳增效技术

一、技术背景

我国一年一熟春玉米、春花生，一年两熟冬小麦-夏玉米，南方多熟区玉米、花生，常年单一种植方式连作障碍严重，导致偏施氮肥，残余肥料淋溶，农田 CO_2 及含 N 气体排放增加，带来环境污染；还会造成土壤质量恶化，种植成本加大，抵御气候或生物逆境的能力脆弱，单产提高难度增加。且东北风沙半干旱地区土地呈沙化、沙地沙漠化趋势发展，并威胁东北和华北商品粮基地的稳定保障。要解决这些难题、保障农业健康发展，必须在提高粮油生产能力上挖掘新潜力。

玉米花生宽幅间作技术符合"稳定粮食产量、增加供给种类、实现种养结合、提高农民收入"的要求，是调整种植业结构、转变农业发展方式的重要途径。技术核心是压缩玉米株行距，发挥边际效应，保障玉米稳产高产，挤出带宽增收花生，次年可以条带调换种植，实现间轮作有机融合，具有明显的优势。一是固氮固碳，减少碳氮排放；二是减轻病害，减少肥药施用；三是缓解粮油争地矛盾；四是增收副产品，缓解人畜争粮矛盾；五是缓解种地与养地不协调矛盾，解决连作障碍问题，替代休耕；六是在东北地区具有明显的防风固沙作用。

二、技术要点

(一) 选择适宜模式

根据地力及气候条件选择不同模式，黄淮区宜选择玉米与花生行比为 3：4、3：6 等模式，花生一垄双行；东北区宜选择大宽幅模式，如 8：8 等模式；南方多熟地区因地制宜选择模式。

(二) 选择适宜品种并精选种子

玉米和花生品种要适合当地生态环境。玉米选用紧凑或半紧凑型的耐密、抗逆高产良种；花生选用耐荫、耐密、抗倒高产良种。播前精选种子，拌种或包衣，或选用包衣商品种。

(三) 选择适宜机械

选择成熟稳定的玉米、花生播种机械，实行玉米带和花生带分机播种。玉米收获选用现有联合收获机，花生收获选用联合收获机或分段式收获机。

(四) 适期抢墒播种保出苗

玉米、花生可同期或分期播种。一年两熟热量不足区域应分期播种，要先播花生后播玉米，玉米播种不晚于 6 月上中旬。大花生宜在 5cm 地温稳定在 15℃以上，小花生稳定在 12℃以上为适播期。玉米一般以 5～10cm 地温稳定在 12℃以上为适播期。黄淮夏播时间应在 6 月 15 日前抢时早播。南方地区因地制宜择时播种。

(五) 播种规格

3：6 模式：带宽 435cm，玉米小行距 55cm，株距 12～14cm；花生垄距 85cm，垄高 10cm，一垄 2 行，小行距 35cm，穴距 10～11cm，每穴 1 粒。玉米播深 5～6cm，

深浅一致，精量单粒播种；花生播深 3～5cm，深浅一致。

8：8模式：带宽 8m，行距 50cm。玉米 8 行，株距 26.68cm，5 000 株/亩，花生 8 行，穴距 13～14cm，双粒，20 000 株/亩。

（六）均衡施肥

重视有机肥施用，以高效生物有机复合肥为主，根据地力和产量水平，结合玉米、花生需肥特点确定施肥量，两作物肥料统筹施用。适当施用 P、B、Zn、Fe、Mo 等微量元素肥料。提倡施用缓控释肥。

（七）深耕整地

适时深耕翻，随耕随耙耱，清除地膜、石块等杂物，做到地平、土细、肥匀。小麦茬口应留有较矮的麦茬，于阳光充足的中午前后进行灭茬、秸秆还田，保证旋耕质量。

（八）控杂草、防病虫

重点采用播后苗前化学封闭除草措施。出苗后采用分带隔离喷施除草技术与机械，避免喷施时两种作物互相影响。

玉米、花生病虫害按常规防治技术进行，主要加强叶斑病、锈病和根腐病、地下害虫、蚜虫、红蜘蛛、玉米螟、棉铃虫、斜纹夜蛾、花生叶螨等的防治。

（九）田间管理

遇旱及时灌溉，采用渗灌、喷灌或沟灌。遇强降雨，应及时排涝。

对生长较旺的半紧凑型玉米，在 10～12 展开叶时可进行化控。光热资源丰富、且降水较多的中高产田间作花生株高约 28～30cm 时进行化控，避免喷到玉米，施药后 10～15d，如果高度超过 38cm 可再喷施 1 次，收获时应控制在 45cm 内。

三、技术示范推广情况

（一）技术示范推广应用的领域、时间、地点、示范规模

2013 年以来，联合种植大户、家庭农场、合作社等新型经营主体及农技推广部门，在山东临邑、高唐、曹县、莒南、阳信、肥城等县（市）地进行了多年多点的百亩方示范推广，增产增收效果显著。山东省财政厅、农业农村厅实施的 2018 年第二批粮油绿色高质高效创建项目，将该技术在山东临邑、莒县、泗水、昌乐等 4 地进行示范推广，每县 2.5 万亩。此外，在河南、河北、吉林、辽宁、安徽、广西、四川、湖南等地示范推广。组织召开 20 余场次培训会、观摩会等。累计推广面积约 50 万亩，增收过亿元。

（二）技术推广应用所取得的固碳减排、适用气候变化与防灾等方面的增产增效和生态效益情况

研究表明，玉米-花生种植与玉米单作相比，土壤 CO_2 平均排放通量降低

$16.07\% \sim 21.47\%$、排放总量降低 $15.54\% \sim 21.25\%$；土壤 N_2O 平均排放通量降低 $30.95\% \sim 40.48\%$、排放总量降低 $34.61\% \sim 38.02\%$。间作处理中生产资料碳排放主要来源是氮肥和地膜，主要排放来源占总排放的 $48.97\% \sim 49.91\%$。

间作茬冬小麦可以减少温室气体排放，较玉米茬小麦土壤 CO_2 平均排放通量、排放总量分别降低 5.24%、3.85%；土壤 N_2O 平均排放通量、排放总量分别降低 13.46%、18.33%，土壤 CH_4 排放总量呈现吸收现象。间作茬小麦较玉米茬小麦增加植株碳累积量，增加幅度 $487.09kg/hm^2 \sim 1\ 148.08kg/hm^2$；间作茬小麦增加土壤（$0 \sim 60cm$）有机碳含量、储量，及各粒级团聚体有机碳含量。总的来看间作茬具有良好的固碳能力。

此外，间作提高了土壤固氮效果，间作花生根瘤数量提高了 $36\% \sim 76\%$，固氮酶活性提高了 $6.5\% \sim 20.2\%$，减轻了花生"氮阻遏"现象，平均节氮 12.5%。间作玉米和花生病害的发生率均有所降低，玉米病害降低尤为显著，其茎腐病降低率达 42.53%。在东北地区具有明显的防风固沙作用，农田风蚀量减少 $23.1\% \sim 47.4\%$。

较纯作玉米，3∶4、3∶6 模式亩增收花生 $120 \sim 180kg$，土地利用率提高 10% 以上，亩增加效益 20% 以上。间作茬冬小麦较玉米茬小麦产量增加幅度达到 $3.81\% \sim 7.62\%$。东北风蚀区粮食产量亩均增产约 $93kg$，亩均增收 145 元。经济生态效益显著。

（三）获得的评价或鉴定情况等（专家评价或生产一线评价），该技术或以该技术为核心的成果获得科技奖励情况

2016 年中国工程院组织院士专家对该模式进行了实地考察，认为该技术探索出了适于机械化条件的粮油均衡增产增效生产模式。印度国家科学院院士 Rajeev Varshney 教授认为间作具有诸多优点。

近年来获国家专利 10 余项，制定省级标准 2 项。该技术模式 2015 年被国务院列为农业转方式、调结构技术措施；连续 3 年被列为农业农村部主推技术，同时被列为山东省主推技术和生产技术指导意见。

作为以该技术为主要内容的成果，2018 年获得山东省专利奖二等奖和山东省农牧渔业丰收奖一等奖，辽宁省科技进步一等奖和辽宁省农业科技贡献奖一等奖。

四、未来推广应用的适宜区域、前景预测和注意事项

适合全国玉米产区及花生产区，东北风沙半干旱区。

我国黄淮海、东北、西南玉米种植面积约 4 亿亩。若在这三个区域规模化推广，可新增花生 2 600 万吨（按亩产 130kg 计算），增效 1 000 亿元，折合油 800 余万 t（按出仁率 70%、出油率 45% 计算），油料自给率显著提升；同时，可新增花生秧蔓

饲料 2 000 万 t 以上和花生蛋白饲料约 1 000 万 t，可缓解我国饲料需求的压力。因此，推广该技术是保障我国粮油饲安全的重要途径，意义重大。

不同区域应选择适宜当地的模式与品种；旋耕后玉米播种要注意调整播深并注重播后镇压，保证苗全、苗齐；注重苗前化学除草；注意苗后分带隔离化学除草；防止花生徒长倒伏。

技术负责人和依托单位

1. 推荐单位：全国农业技术推广服务中心

联系人：王积军

联系电话：010 - 59194506

电子邮箱：wangjijun@agri. gov. cn

2. 技术依托单位：山东省农业科学院

技术负责人：万书波、张正、郭峰、孟维伟、李宗新

联系电话：0531 - 66658127/7802/9692/9645

电子信箱：wanshubo2016@163. com，kyczhang@sina. com

区域联系单位：辽宁省农业科学院；沈阳农业大学；吉林省农业科学院；广西壮族自治区农业科学院

区域联系人：孙占祥、于海秋、高华援、唐荣华

联系电话：024 - 31026176；024 - 88487137；0434 - 6283378；0771 - 3276055

电子邮箱：sunzx67 @ 163. com；haiqiuyu @ 163. com；ghy6413 @ 163. com；tronghua@163. com

---

第五节 华北冬小麦-夏玉米贮墒
旱作节简栽培技术

一、技术背景

华北平原水资源紧缺，农田灌溉主要依靠地下水，冬小麦-夏玉米一年两熟常规生产田水肥投入量大，冬小麦灌溉 3～4 次或更多，夏玉米灌溉 1～2 次或更多，全年亩灌溉量 230～300m³，亩施氮量 32～36kg，水肥高投入导致地下水严重超采和土壤氮素淋洗损失，高污染、高排放问题突出，生态环境恶化。同时，随着农村大量劳力外出，农户种植规模扩大，人工多次灌溉已成为农民重大负担，投入成本增加严重影响种植效益。近年来，国家实施地下水超采区综合治理，要求大幅缩减灌溉用水，实

现地下水采补平衡。因此，为协调粮食安全、生态保护和农民收益，迫切需要节水、节肥、减排、省力、高效的粮田绿色丰产技术。鉴于此，并根据近年气候变化特点，在水资源严重紧缺地区研究建立了"冬小麦-夏玉米贮墒旱作节简栽培技术"，该项技术保证小麦底墒水和玉米出苗水，两作生育期内免除灌溉，充分利用自然降水和土壤贮水；控制全年氮肥用量，冬小麦旱季集中施氮、夏玉米雨季减氮减耗，实现周年亩灌水 $100m^3$、亩施氮 25kg、年产量 1 000kg 的目标，使全年水分生产率、氮肥生产率、劳动生产率、固碳减排率协同提升，适应气候智慧型农作和粮田节简化生产要求。

二、技术要点

以冬小麦-夏玉米一年两熟轮作体系为整体，以"贮墒旱作"为技术特色，以"节简增效"（节水、节肥、节药、节工、节地、轻简化）为技术目标，形成新的技术模式：苗前贮墒、一次性施肥；生育期内免灌、免去追肥；冬小麦晚播早收，夏玉米早播晚收，全年丰产增效。技术的主要内容如下：

（一）冬小麦

1. 播前贮墒　浇足底墒水，使播前 2m 土体贮水量达田间最大持水量 90％ 左右，常年亩浇水 $50m^3$。前茬夏玉米晚收田可在收获前 1 周内浇水贮墒，实现"一水两用"

2. 优选品种　选用抗旱耐寒、穗容量大、后期叶片持绿性好和灌浆快的节水品种，种子质量合格、大小均匀。

3. 晚播增密　适当晚播，入冬苗龄 4～5 叶，亩基本苗 35 万～43 万苗（随播期调整）。常年以 10 月 12—17 日为最适播期。

4. 精耕匀播

（1）精细整地。前茬收获后及时粉碎秸秆，以碎丝状（5～8cm）均匀铺撒还田，在适耕期旋耕 2 遍，耕深 13～15 厘米，并适当耙压，使耕层上虚下实，土面细平。

（2）窄行匀播。行距 15cm，播深一致（3～5cm），落籽均匀，避免机械下种管堵塞、漏播、跳播。先横播地头，再播大田中间。

5. 一次施肥　中上等地力下，冬小麦-夏玉米全年亩施氮量 25kg 左右，比常规两作高产田减氮 20％～30％。氮肥 60％～70％ 用于小麦播种，且小麦肥料集中基施。在限制全年总氮量下，增加小麦施氮比例有利于抗旱稳产提质，夏玉米可利用小麦残留土壤氮素。小麦基肥中除氮肥外，亩施磷肥（P_2O_5）7～8kg、钾肥（K_2O）7～8kg、硫酸锌 1kg。

6. 二次镇压　采用自走式均匀镇压机，播后待表土现干时，强力均匀镇压一遍；早春返青期，再适时镇压（带锄划装置）一遍，提墒保墒，护根健苗。

7. 一喷多用　出苗后生育期内的管理主要是抓好病虫害防治，可将杀虫剂、杀菌剂、抗逆调节剂混合配制，利用无人机叶面喷施，适时防病防虫防衰防害。

（二）夏玉米

1. 及时早播　旱作小麦成熟期提早 3～5d，麦收后应及时免耕贴茬直播夏玉米。

2. 精量匀播　确保亩基本苗 5 000 株，等行等深播种，提高机播质量。

3. 减量施肥　夏玉米生长在雨季，高温多湿，土壤氮矿化量大，适当减少施肥可减少氮淋洗和排放。适宜施氮量为全年总氮量的 30%～40%（8～10kg），采用氮磷钾复合肥，种、肥同播，种-肥间距 7～10cm。

4. 播后补墒　播后立即浇出苗水，亩浇水量 50m³。

5. 田间管理　拔节后喷施矮化剂，病虫草害防治同常规。

三、技术示范推广情况

该项技术是在"冬小麦节水省肥高产技术"（农业部推介的全国主推技术，2012—2019）基础上发展起来的，2014 年开始在河北黑龙港地下水超采区示范应用，此后逐步扩大推广面积，近两年也已在河南豫北和山东鲁北地区大面积示范推广。

通过几年的推广应用，显示出该项技术的突出优势：

1. "节水"　两作贮足底墒，生育期内不浇水，比常规生产田节省灌溉水 100～150m³/亩，全年水分生产效率达 1.9～2.2kg/m³；

2. "节肥"　两作均一次性施肥，生育期内不追肥，比常规生产田节氮 20% 以上，氮肥偏生产率达 40kg/kgN；

3. "节地"　由于播后免灌，麦田不作灌溉畦埂，提高了土地利用率；

4. "节时"　旱作小麦晚播早收，夏玉米早播晚收，全年光温资源优化配置；

5. "节工"　生育期内免浇水、免追肥、免作畦等，大幅度降低了人工投入成本；

6. "简化"　苗前措施集中，苗后管理简化，提高了规模经济效益；

7. "保产"　技术实施到位，可保证大面积冬小麦亩产 350～400kg、夏玉米亩产 600～650kg，冬小麦-夏玉米全年亩产可达吨粮；

8. "减排"　与常规生产田相比，显著减少温室气体排放，温室气体 N_2O 和 CO_2 累积排放量分别降低 20%～32% 和 18%～23%，且能适应不同气候年型的变化。由于该项技术综合节简高效，深受种植大户欢迎。

目前，该项技术已经在河北省、河南省分别被列为颁布了省级地方标准，2019 年被河北省列为全省农田节水主推技术。与技术相配套的自走式均匀镇压机械获得国家专利，并已在北方 5 个省广泛应用。以该项技术为主要内容的"河北地下水超采区限灌节水绿色增效技术集成与推广"项目成果获 2019 年农业农村部全国农牧渔业丰收奖二等奖。

四、未来推广应用的适宜区域、前景预测和注意事项

该项技术适宜在华北地下水超采地区推广,包括河北中南部、山东北部、河南中北部及山西部分地区。随着气候变化和水资源日趋减少、地下水超采治理不断推进、种田大户生产规模日益扩大、农业"一控两减"全面发展,未来该项技术的推广前景将十分广阔。预测未来5年可实施推广面积1 500余万亩。

该项技术措施简化,易于推广,推广应用中需要注意以下事项:筛选适宜的品种。为了避免单一品种的缺陷,可选用两个互补型品种混种。由于技术措施主要集中在苗前阶段,强调"七分种、三分管"或"九分种、一分管",抓好播前贮墒和整地播种质量是关键。该项技术适宜土壤质地类型为沙壤、轻壤和中壤土,沙土地和重黏土地不适宜。

技术负责人和依托单位

技术负责人:王志敏、张英华、孙振才
联系电话:010-62734011
电子邮箱:cauwzm@qq.com
依托单位:中国农业大学
联系地址:北京市海淀区圆明园西路2号

第六节　小麦-小尖椒套作两熟保粮
减排增效种植模式

一、技术背景

长期以来,小麦-玉米一年复种两熟种植模式一直是黄淮海区域主要的种植方式,为国家和地方粮食安全做出了重要贡献。随着农业绿色发展方式和农业供给侧改革的不断推进,这种传统种植模式面临生态效益不高和经济效益欠佳的双重困局。特别是玉米季一方面存在化肥使用量大而雨水偏多,氮磷流失,使得化肥利用效率低、碳排放量高的生态问题,一方面因玉米秸秆生物量大存在覆盖还田腐熟不充分影响下季作物出苗和生长,而粉碎还田费工费时碳排放量高,从而造成实际生产中焚烧秸秆、或者是乱堆乱放影响环境等严重问题。同时,近年来由于玉米产能相对过剩,农民收益低,因此,迫切需要改传统的小麦-玉米两熟种植模式为其他替代性减排高效种植模式。

基于以上问题,我们在调研分析当前麦田复种两熟区不同种植模式的基础上,筛

选并优化构建了小麦-小尖椒套作两熟减排增效种植模式。

二、技术要点

(一)田间结构配置

采用三二式套作种植模式,即 3 行小麦套种 2 行尖椒。于每年 10 月小麦适宜播种期播种小麦,小麦行距 15cm,播种 3 行,留小尖椒苗带 60cm,翌年 5 月移栽小尖椒于苗带内,小尖椒行距 30cm;小麦与小尖椒间距 15cm。

(二)选用良种

小麦品种选用高产稳产、株型紧凑、抗逆性能强的优质小麦品种。小尖椒根据用途选用相应高产、抗病能力强的高品质品种。

(三)一次收获

小麦适时收获的最佳时期是蜡熟末期,此期长相为麦穗、穗下节和叶片全部变黄,茎秆尚有弹性,籽粒含水量约 22% 左右,籽粒较坚硬,已呈现光泽。

尖椒红椒率占 85%～90% 时全株拔出晾晒至八成干时进行摘果分级,晒干出售。为防止病株传染,尖椒植株应全部清除田地,为小麦播种腾茬。

(四)麦秸还田

小麦采用小型收割机械收获,留茬高度 20～30cm,麦秸覆盖于小麦种植带。具有较好保墒作用。据对比统计,麦秸留高茬覆盖尖椒田相对小尖椒单种,每亩要少浇 50～60m³ 水。

(五)小麦配套技术

1. 施用底肥 整地前每亩施用尿素（N 含量 46%）18kg 左右,即纯氮 8kg 左右;过磷酸钙（P_2O_5 含量 14%）57～72kg,即 P_2O_5 8～10kg;氯化钾（K_2O 含量 60%）10～14kg,即 K_2O 6～8kg。另每亩施硫酸锌 1～1.5 kg、硫酸锰 1～1.5kg。

2. 整地播种 小麦播种前,采用相应机械做好浅沟垄,垄高 8～10cm,垄宽 60cm,垄沟宽 30cm。

小麦于 10 月 8—20 日播种,由于通风透光性较好,适当加大播量,宜 10～12kg/亩,播种深度 3～5cm。采用小型机播耧 15cm 等行距于垄沟内播种 3 行小麦,做到深浅一致,落籽均匀,无缺苗断垄现象。

3. 水肥管理 于拔节中后期每亩追施尿素 15kg,施肥后及时浇水,每亩灌水 50m³ 左右。

在抽穗至灌浆前中期,选择晴天下午 4 时以后,叶面喷施 2% 尿素＋0.3% 磷酸二氢钾,间隔 7～10d,连喷 2 遍,以预防干热风和延缓衰老。

4. 病虫草害防治,做好"一喷三防" 此种植方式由于麦田通风透光能力好,相对一般麦田病虫害一般发生较轻,但应重点在苗期做好杂草和地下害虫防治。从孕穗期开始，应把病虫害防治与预防早衰和后期干热风及倒伏结合进行。

（六）小尖椒配套种植技术

1. 适时移栽　一般在 5 月中下旬足墒定植在小麦田预留区内，定植原则肥地棵大移栽密度宜稀，薄地棵小宜密，每穴双株，穴距 0.18cm，6 000 穴/亩。

2. 麦收后肥水管理　麦收后根据土壤墒情浇灌提苗水、门椒水、对椒水、四门椒水。浇水结合施肥同时进行，浇提苗水施肥以尿素 10～15kg/亩，浇门椒水和对椒水施肥分别用氨基酸复合肥 15～20kg/亩。

3. 及时摘心　摘心打尖掌握瘦打肥不打、涝打旱不打、高打低不打的打顶原则。苗高 15cm，并有 7 片以上的叶片后，把顶稍摘掉，保留下部的 4～5 片叶，促使分枝。在第 1 次摘心 21～28d 后，或当侧枝长到 7cm 左右时，进行第 2 次摘心，即把侧枝的顶稍摘掉，保留侧枝下面的 4 片叶。进行 2 次摘心后，株型会更加理想，开花数量增加，利于高产。

4. 及时防治病虫害　在做好种子处理前提下，移栽后与小麦共生期做好蚜虫防治。尖椒苗期。做好尖椒疫病、病毒病、灰霉病以及尖椒细菌性病害的防治，防病同时加入适量含钾、钙元素叶面肥，提高植株抗病性。

三、技术示范推广情况

（一）技术示范推广应用的领域、时间、地点、示范规模

小麦-小尖椒套作两熟种植模式主要分布在麦田一年两熟区域，可以在保证小麦产量的同时，收获一季小尖椒。2020 年该模式在河南省种植面积有 200 万亩左右，其中，种植规模较大的有豫北的内黄县 30 多万亩、豫中的长葛市 10 多万亩和豫南的漯河市 50 万亩、方城县 30 万亩和豫东商丘 50 万亩左右。

（二）技术推广应用增产增收和生态效益情况

固碳减排方面，小麦-小尖椒套作两熟种植模式在减排增收方面具有较好的示范作用。与小麦-玉米两熟相比，此模式少施氮肥（纯氮）5～6kg/亩，减少灌溉用水 50～60m³/亩，减少机械投入费用 150～200 元/亩。

产量和经济效益方面，其中，小麦产量 400～500kg/亩；尖椒折干产量 360～400kg/亩，产值 6 000～7 000 元/亩。

四、未来推广应用的适宜区域、前景预测和注意事项

（一）技术适宜推广应用的区域

小麦-小尖椒套作两熟种植模式适宜于黄淮海及周边麦田两熟种植区。

（二）未来推广前景预测

此种模式能保证小麦产量基本不减少的前提下，减少化肥和机械投入费用，同时

秋季经济效益可观，具有较好的稳粮减排增收的效果。在未来一年两熟区种植结构调整过程中，必将成为麦田一年两熟种植重要的替代模式。

技术负责人和依托单位

推荐单位：河南农业大学

联系地址：郑州市农业路63号河南农业大学

技术联系人：熊淑萍、马新明、张志勇

联系方式：13838089800

电子邮箱：shupxiong@163.com

第七节　玉米-大豆带状复合种植技术

一、技术背景

西南、西北、黄淮海地区是我国玉米、大豆主产区，但由于季节性干旱、洪涝灾害频发，农业气象灾害较重，导致作物丰产性与稳产性较低；加之传统净作生产长期采用高投入、单一化的高产种植模式，造成资源过度消耗、耕地质量急剧下降、温室气体排放加剧等一系列生态问题，种植业高产高效与可持续难以统一。禾本科与豆科作物间套作是世界公认的集约利用土地和可持续发展模式，既能提高土地产出率、增加粮豆产量，又可以利用豆科作物根瘤固氮功能培肥土壤、提高作物固碳能力，是保障我国粮食安全的有效途径之一。

玉米-大豆间套作是解决我国玉米、大豆供需矛盾的有效途径，而传统玉米大豆间套作因田间配置不合理、大豆倒伏严重、施肥技术不协同和病虫草防控技术缺乏等瓶颈，导致固碳减排、节本增效效果不明显、产量低而不稳、难以高产出，机具通过性差、难以机械化、轮作倒茬困难、难以可持续。四川农业大学历经18年，构建了带状复合种植资源利用和株型调控理论，研发出"选配良种、扩间增光、缩株保密"的核心技术和"减量施肥、秸秆还田、绿色防控"等配套技术。玉米产量与净作相当、每亩多收100～150kg大豆；破解了间套作高低位作物不能协调高产与绿色稳产的难题；研制出相匹配的种管收作业机具，实现了农机农艺高度融合，打破了传统间套作减排不增效的困境，形成了适应全球气候变暖、极端灾害频发下的玉米大豆间作新农艺，为保证玉米产能、提高大豆自给率和应对全球气候变化提供了新途径。

二、技术要点

（一）核心技术

1. 选配良种 玉米选用株型紧凑、适宜密植和机械化收割的高产品种，大豆选用耐荫抗倒高产品种。

2. 扩间增光 2 行玉米带与 3～4 行大豆带复合种植；玉米宽行 1.8～2.2m，窄行 0.4m，宽行内种 3～4 行大豆，大豆窄行 0.3m，玉米带与大豆带间距 0.6～0.65m。

3. 缩株保密 单粒穴播，玉米株距 12～14cm，密度与当地净作相当；大豆株距 10～12cm，密度为当地净作的 70%～100%。

（二）配套技术

1. 调肥控旺 按当地净作玉米施肥标准施肥，或施用等 N 量的玉米专用复合肥或控释肥，大豆不施氮肥或减施低氮量大豆专用复合肥，每亩可减少纯氮 4kg；播种前利用大豆种衣剂进行拌种，并在分枝期与初花期用 5% 的烯效唑可湿性粉剂 25～50g/亩喷施茎叶实施控旺。

2. 秸秆还田 西南玉米大豆带状套作地区，实施秸秆全量还田，前茬小麦、油菜等作物秸秆收获时粉碎还田，同茬套作玉米视收获情况采用粉碎还田或整株原地覆盖还田；黄淮海及西南玉米大豆带状间作地区，实施免耕播种、秸秆粉碎全量还田。

3. 机播机收 带状套作选择 2BYFSF－2（3）型玉米、大豆施肥播种机，带状间作选择 2BYFSF－5（6）型玉米-大豆带状复合种植施肥播种机，或利用当地的 2～3 行净作播种机一前一后组合播种；播种深度，玉米 3～5cm，大豆 2～3cm。玉米用 4YZ－2A 型自走式联合收获机收穗，大豆用 GY4D－2 型联合收获机收获脱粒和秸秆还田。

4. 绿色防控 理化诱抗技术与化学防治相结合，利用智能 LED 集成波段太阳能杀虫灯＋性诱剂诱芯装置诱杀斜纹夜蛾、桃柱螟、金龟科害虫等；玉米大喇叭口期或大豆花荚期病虫害发生较集中时，利用高效低毒农药与增效剂并配合植保无人机统一飞防一次，控制病虫害；机械中耕除草与化学除草相结合，播后芽前用 96% 精异丙甲草胺乳油封闭除草，苗后用玉米、大豆专用除草剂茎叶定向除草。

三、技术示范推广情况

（一）技术示范推广应用的领域、时间、地点、示范规模

玉米-大豆带状复合种植技术历经 18 年的研究与示范推广，技术日臻成熟。2008—2019 年列为全国农业主推技术，2012 年列为农业部农业轻简化实用技术，2019 年被遴选为国家大豆振兴计划重点推广技术。在此过程中，研发单位自主构建

了"三融合转化体系、四圈层推广网络、五结合培训模式"推广新机制，与各级推广部门一道在四川省仁寿县、山东省禹城市、河北省藁城区、内蒙古包头市、河南省永城市等地成功创建了千亩示范方、百亩示范田，全面实现了"玉米不减产、增收一季豆和固碳减排"的技术目标，使该技术在我国西南地区进行了大面积推广，年均应用面积近 1 000 万亩；在黄淮海、西北及东北地区进行了试验示范。目前已在四川、重庆、云南、贵州、广西、甘肃、宁夏、内蒙、山东、河北、安徽、河南等 19 省推广应用。据不完全统计，该成果 2003—2018 年累计推广 7 139 万亩，其中，四川省推广应用 4 416 万亩，技术覆盖率达到 75% 以上。

（二）技术推广应用所取得的固碳减排、适应气候变化与防灾减灾等方面的增产增收和生态效益情况

和净作玉米相比，应用该技术后的玉米产量与原净作产量水平相当，新增套作大豆 130～150kg/亩，间作大豆 100～130kg/亩；玉米籽粒品质与单作相当，大豆籽粒的蛋白质和脂肪含量与净作相当，异黄酮等功能性成分提高 20% 以上。带状复合种植系统光能利用率达到 3% 以上，较国内外同类技术高 11%；带状复合种植土壤有机质含量增加 20%、土壤总有机碳增加 7.24%、作物固碳能力增加 18.6%，年均温室气体排放强度（GWPN$_2$O、GHGICO$_2$）降低 45.9% 和 15.8%；通过根瘤固氮每亩减施纯氮 4kg 以上；生物多样性、分带轮作和小株距密植降低了病虫草害发生，农药施用量减少 25% 以上。与净作玉米相比每亩实现增收节本 400～600 元。

除经济、生态效益外，玉米-大豆带状复合种植技术在自然风险上具有突出的空间与营养生态位互补功能，特别是在耐旱、耐瘠薄、抵御病虫害、抗风灾上显示出突出效果。相对净作玉米或大豆，玉米-大豆带状复合种植可提高大豆根瘤固氮量 10% 左右，提高氮肥利用率 20%～30%；带状复合种植后作物根系构型发生重塑，既增强了根系对养分的吸收，还有助于增强植株的抗倒伏能力。

（三）获得的评价或鉴定情况等（专家评价或生产一线评价），该技术或以该技术为核心的成果获得科技奖励情况

2019 年 5 月 19 日，四川省农村科技发展中心聘请盖钧镒院士、刘旭院士、陈温福院士、朱有勇院士等 11 位专家对"玉米-大豆带状复合种植技术体系创建与应用"成果进行了第三方评价，专家组认为：该成果在间套作理论与技术上取得重大突破，整体达国际领先水平。该项技术成果曾荣获 2017 年中国作物学会中国作物科技奖和 2019 年四川省科技进步奖一等奖。

四、未来推广应用的适宜区域、前景预测和注意事项

（一）技术适宜推广应用的区域

该技术适宜于长江流域多熟制地区、黄淮海夏玉米及西北春玉米产区推广应用。

（二）未来推广前景预测

该项技术的经济、社会和生态效益十分显著，连续 11 年入选国家和省主推技术，是 2020 年中央一号文件加大力度推广的玉米、大豆间作新农艺。2020 年农业农村部农办农〔2020〕1 号文件要求"因地制宜在黄淮海和西南、西北地区示范推广玉米、大豆带状复合种植技术模式，拓展大豆生产空间。"因此，该技术推广应用前景广阔，可在我国玉米、大豆主产区推广应用。根据我国现有玉米种植面积，按其 80% 进行间套种植，预测年均潜力面积可达 2.40 亿亩，玉米总产 1.20 亿 t，大豆总产 2 886 万 t；按其 50% 计算，年均潜力面积也可达到 1.4 亿亩，玉米总产 0.7 亿 t，大豆总产 1 680 万 t。

（三）技术推广应用中需要注意的事项

品种选择时注意与共生作物间的协调性，如共生玉米品种不宜株型分散和高大；播种前需调试播种机的开沟深度、用种量、用肥量和培训农机手，确保一播全苗；如果封闭除草效果不佳，应及时采取茎叶定向除草；注意防控根腐病、斜纹夜蛾、症青等大豆病虫害。

技术负责人和依托单位

联系人：雍太文
联系地址：四川省成都市温江区公平惠民路 211 号
联系电话：13980173140
电子邮箱：scndytw@qq.com
技术负责人：杨文钰
联系地址：四川省成都市温江区公平惠民路 211 号
联系电话：13908160352
电子邮箱：mssiyangwy@sicau.edu.cn

第八节　集约化农田生态系统构建技术

一、技术背景

集约化农田长期、大面积单一种植，农药、化肥等高强度投入，破坏了生物多样性和生态平衡，导致土壤质量下降，农业生态系统退化。构建农田生态安全屏障体系，形成生态廊道和生物多样性保护网络，支撑农业绿色发展和现代农业生态转型，提升农田生态系统质量和稳定性，是集约化农业亟待解决的关键问题。

该模式适用于黄淮海地区小麦-玉米规模化种植区，通过科学配置农田生物多样性，提升农田生态系统服务功能，协同保障区域粮食安全、农产品质量安全和生态安全。重构健康的农田生态系统，已被联合国粮农组织（FAO）确认为集约化农田实现可持续发展最有前途的解决方案之一。

二、技术要点

黄淮海小麦-玉米主产区集约化农田生态构建技术，包括生物多样性利用和生态景观构造、生态廊道网络构建、自然半自然斑块生态修复、作物高产高效栽培等技术，形成区域内"山水林田湖草"生命共同体，提高农田生态系统多功能性和稳定性。

（一）生物多样性利用和生态景观构造

1. 作物多样化种植　在同一地块上种植不同种类、不同基因型作物，$10hm^2$ 以上农田应种植两种以上作物，$30hm^2$ 以上农田种植三种以上作物。引入宽幅条带轮间作技术，开展玉米与花生、大豆、谷子、高粱等作物间作，农田四周种植食葵，增加异质生境。利用二月蓝、紫云英、紫花苜蓿、毛苕子等绿肥作物开展轮作种植。

2. 建设立体生态林网　改变田间林网单一速生杨的种植模式，因地制宜的建设乔灌草立体生态网，以 $300\sim500$ 亩为 1 个网格单元，在四周构建由乔木、灌木和草本植物构成的乔灌草生态网，丰富生物多样性。

3. 田间道路改造升级　硬化农田耕作道路，方便现代机械操作。在道路旁边设 1m 的绿化带，采用高低搭配原则，花灌木与地被植物交叉种植，农田畦畔种植油葵、格桑花等蜜源植物，在田成方的高标准粮食产区实现四季有景，与集约化小麦、玉米规模化种植景观相得益彰。

（二）生态廊道网络构建

1. 建设生态缓冲区　在农田中间或者边缘建设混播的呈条状或片状的田边植草带生态缓冲区。在坡地、近水域、生态沟渠建设植被缓冲带。在农田内营造甲虫堤、小动物栖息地等生境斑块。

2. 植物群落配置　配置不同功能植物形成植物群落，为鸟类、传粉者、害虫天敌等野生生物提供适宜的栖息地和觅食场所，改善农地生境质量，强化害虫天敌支持系统，提高授粉率、减少农药使用、培肥土壤、净化水源、抑制杂草。

3. 构建多级生态廊道　农田面积超过 15 公顷的田块，须保留至少 8% 的耕地，为生态基础建设重点区域。构建主廊道、次廊道和支廊道。15 公顷以内的田块尺度建设 $1\sim2m$ 宽支廊道，$16\sim200hm^2$ 的田块尺度建设 $6\sim12m$ 宽次廊道，$200hm^2$ 以上集约化农田应依托河流、沟渠、道路、坡地等建设主廊道，廊道宽度不低于20m。主廊道、次廊道和支廊道相互交织，形成生态网络。

4. 建设生态沟渠　对原有沟渠升级改造，种植攀爬能力强，易于覆盖沟渠的五叶地锦和护坡草，在河道底部沿边向里1m宽，种植路易斯安娜鸢尾、香蒲、荷花、睡莲、狐尾藻等水生植物，建设具有生态护坡、生态涵养、生态拦截、生态景观等多种功能的新型农田沟渠。

（三）自然半自然生境斑块生态修复

集约化农田外围、边缘或内部构建原生自然半自然斑块或多种生态用地类型非线条非农作物的景观单元，即"田间岛屿"，面积一般大于0.5hm²，通过生态廊道连接形成"点-线-面"交织的空间生态网络，修复碎片化生境，提升抗外界干扰能力。在景观尺度甚至区域尺度上，自然、半自然生境保有一定的比例，并且要联通成网。田边保有足够宽度的花草带，田内设有供甲虫、鸟类等小动物栖息的非作物斑块，为鸟类、传粉者、害虫天敌等野生生物提供适宜的栖息地和觅食场所。

三、技术示范推广情况

（一）技术示范推广应用的领域、时间、地点、示范规模

该技术在山东、河北、天津等地集约化农田应用面积达4 000hm²。增强了集约化农田的粮食生产、生物多样性保护、病虫害控制、土壤肥力提升、固碳减排、侵蚀控制、环境净化等生态系统服务功能，推动了区域集约化农田生态转型和绿色发展。

（二）技术（模式）推广应用所取得的固碳减排、适应气候变化与防灾减灾等方面的增产增收和生态效益情况

该技术的应用使农田生物多样性得到有效恢复，示范区粮食产量在不减少的同时，品质得到有效改善，生物多样性增加20%～50%，农田氮磷流失减少40%以上，示范区农田生态景观有效提升，农田生态功能增强，取得显著的生态效益和社会效益。

（三）获得的评价或鉴定情况（专家评价或生产一线评价），该技术或以该技术为核心的成果获得科技奖励情况

以该技术为核心的"华北集约化农田循环高效生产技术模式研究与应用"，获2010—2011年中华农业科技奖二等奖；"城郊环保型高效农业关键技术研究与应用"，获2014年天津市科技进步奖二等奖；"现代高效生态农业技术集成创新与示范推广"，获2016—2018年度农牧渔业丰收奖一等奖。组织的第577次香山科学会议"农业生态功能评估与开发"，提出了"农田生物多样性保护与生态功能提升"的理论和技术体系。主持完成的"生物多样性丧失与生态系统稳定性研

究前沿进展"被录入 2016 年中国农业科学智库系列报告"2016 年农业研究前沿"。在山东齐河构建的集约化生态农田系统，2014 年成为农业部六大现代生态农业模式。

四、未来推广应用的适宜区域、前景预测和注意事项

（一）技术适宜推广应用的区域

该技术适宜东北、华北、西北集约化农田生物多样性保护和生态修复。

（二）未来推广前景预测

该区域集约化农田长期、大面积单一种植，农药、化肥等高强度投入，破坏了生物多样性和生态平衡，土壤质量下降、病虫草害频发且逐年加重。构建农田生态系统，发挥农田生态功能，保护农田生物多样性，拓展农田生态系统多功能性，提高农田固碳减排和气候变化适应能力，对推进生态文明建设、推动农业绿色发展、高质量发展和保障粮食安全意义重大。该技术模式具有先进性、适用性和安全性，是现代农业发展的方向，应用前景良好。

（三）技术推广中需要注意的事项

严禁在生态廊道和生境斑块使用农药和化肥，除草时应选择低干扰的方式，并制定因地制宜的管理措施。

技术负责人和依托单位

推荐单位：山东省农业环境保护和农村能源总站

联系地址：济南市历城区工业北路 200 号

邮政编码：250100

联系人：张凯、葛晓轩

联系电话：0531 - 81608083

电子邮箱：stglk@sina.cn

技术依托单位：农业农村部环境保护科研监测所

联系地址：天津市南开区复康路 31 号，农业农村部环境保护科研监测所

邮政编码：300191

联系人：赵建宁、杨殿林

联系电话：022 - 23611820

电子邮箱：zhaojianning@caas.cn，yangdianlin@caas.cn

第九节　长江中下游平原地区农田氮磷 生态拦截沟渠系统建设技术

一、技术背景

加强农业面源污染治理，是转变农业发展方式、推进现代农业建设、实现农业可持续发展的重要任务。习近平总书记指出，农业发展不仅要杜绝生态环境"欠新账"，而且要逐步"还旧账"，要打好农业面源污染治理攻坚战。李克强总理提出，要坚决把资源环境恶化势头压下来，让透支的资源环境得到休养生息。《国务院关于印发水污染防治行动计划的通知》（国发〔2015〕17号）明确规定：控制农业面源污染。敏感区域和大中型灌区，要利用现有沟、塘、窖等，配置水生植物群落、格栅和透水坝，建设生态沟渠、污水净化塘、地表径流集蓄池等设施，净化农田排水及地表径流。

《农业部关于打好农业面源污染防治攻坚战的实施意见》（农科教发〔2015〕1号）要求：在重点流域和区域实施一批农田氮磷拦截、畜禽养殖粪污综合治理等农业面源污染综合防治示范工程，总结一批农业面源污染防治的新技术、新模式和新产品。国家发改委等五部委印发的《关于加快推进长江经济带农业面源污染治理的指导意见》（发改农经〔2018〕1542号）明确提出：控制和净化地表径流。充分利用现有沟、塘、窖等，建设生态缓冲带、生态沟渠、地表径流集蓄与再利用设施，有效拦截和消纳农田退水和农村生活污水中各类有机污染物，净化农田退水及地表径流。

开展农田氮磷生态拦截沟渠系统建设，拦截净化农田排水及地表径流产生的N、P等污染物，是浙江省贯彻中央乡村振兴战略、开展农业面源污染末端治理、恢复和完善田间生态系统、构建优美的田园生态环境、建设美丽乡村的内在要求和现实需要。

二、技术要点

在确保排水沟渠排涝、排渍或防治土壤盐碱化等功能基础上，通过在沟渠中设置节制闸坝、拦水坎、集泥井、透水坝等辅助性工程设施以及采用植生材料、配置植物群落等生物措施，改善沟渠生境条件，重建和恢复沟渠生态系统，对农田排水及地表径流中的N、P等物质进行拦截、吸附、沉积、转化、降解以及吸收利用，从而对农田流失的N、P等养分进行有效拦截，达到控制养分流失、实现养分再利用、减少水体污染物质等目的。

（一）透水坝

透水坝主要是针对农业面源污染的时空不均匀性以及不同地区的地形特征，在承泄区或沟渠中采用吸附性基材人工筑坝，通过坝体的拦截吸附和可控渗流来净化水质和调节过流量，同时起到抬高上游水位、为下游提供"水头"等作用。根据现场条件可设计成固定式或活动式。

（二）节制闸坝

拦截坝是指拦截江河、渠道水流以抬高水位或调节流量的挡水建筑物。可抬高水位、调节径流、集中水头。

节制闸是建于河道或渠道中用于调节上游水位、控制下泄水流流量的水闸。

（三）阶梯截流池

阶梯截流池通常设有拦截墙、导流墙和植生过滤袋等设施，具有截留淤泥、减少水土养分流失、活水增氧和改善景观等作用，通常设置于存在落差的沟渠末端。

（四）复合式生态浮床

复合式生态浮床是在常规的生态浮床基础上，通过水生植物、氮磷吸附基质、生物亲和性填料、高效微生物等功能要素的优化配置，从而实现持续脱氮除磷、改善生态景观等效果。

（五）底泥捕获池

底泥捕获池通常是以炭基功能材料为核心，配以砾石、陶粒、海绵等辅助材料构造而成，一般具有底泥快速捕获、氮磷等目标污染物吸附、转化或钝化等功能。

（六）循环生态水塘

循环生态水塘一般是以自然池塘改造而成，也可以是人为修筑的水池。通常具有调节农业生产基地多余水分排放和营养物质循环的功能，并起到恢复农田生态、美化田园等作用。

（七）反硝化除磷模块

反硝化除磷模块是利用农业生物质等材料强化微生物的反硝化作用，将农田排水中的氮素脱除，在此基础上，通过添加多孔性矿物原材料吸附农田排水中的磷素，形成对农田排水中氮、磷营养元素的同步去除和阻截。

（八）生物措施

1. 植物选择要求 植物是氮磷生态拦截沟渠的重要组成部分，其选择应综合考虑以下因素：适宜当地气候，成活率高；根系发达、根茎繁殖能力强，生物量大，对氮、磷物质具有较强吸收能力；有利于恢复田间生物群落和生态链，并形成良好的生态景观。

2. 植物的配置 植物配置应综合考虑植物生物特性、污染净化能力、生态链恢复、生物多样性、景观美化、生物固坡等因素，应以本土沉水和挺水植物为主，不宜选用漂浮和浮叶植物。

（1）沉水植物。苦草、菹草、金鱼藻、狐尾藻、伊乐藻、黑藻、马来眼子菜等，宜以苦草、黑藻或（和）金鱼藻为主。

（2）挺水植物。 美人蕉、再力花、水生鸢尾、梭鱼草、旱伞草、千屈菜、香菇草、芦苇、茭白、水芹等，应选择美人蕉、旱伞草、香菇草、茭白和水芹（冬季）中的 3 种以上进行配置。

（3）护坡植物。 生态沟渠护坡植被应以自然演替为主、人工栽培为辅，人工辅助种植宜采用狗牙根（夏季）和黑麦草（冬季）。

三、技术示范推广情况

（一）技术示范推广情况

浙江省从 2018 年以来整省探索建设农田氮磷生态拦截沟渠系统。截至 2019 年底，全省已建成农田氮磷生态拦截沟渠系统 306 条，沟渠系统总长度 377km，覆盖农田面积 23.95 万亩。2020 年全省计划建设农田氮磷生态拦截沟渠系统 100 条以上。

（二）技术推广应用成效

浙江省农田氮磷生态拦截沟渠系统建设获得了较好的社会反响，入选 2018 年度浙江省"五水共治"五大亮点工作并上报国家部委。

排水功能。 排水是沟渠的基础，在生态沟渠选址、设计、建设和维护过程中，要优先确保强降雨期间的排水通畅问题，减少洪水对沟渠的破坏，提高工程的效益。

减排功能。 浙江省通过对 30 条农田氮磷生态拦截沟渠系统统一开展水质取样监测数据分析，沟渠系统汇水区域主要污染物 N、P 减排量在 30% 左右。如平湖市活罗浜灌区农田氮磷生态拦截沟渠系统水样监测总磷等指标下降 40% 左右。

生态功能。 以往的排水沟渠建设采取的"三面光"模式，追求的是旱时灌得快，涝时排得干，容易造成生态退化。通过生态沟渠建设，营造适宜生境，为鱼虾、泥鳅、青蛙等小动物提供生存繁衍场所，使项目区成为"鸥鹭不为食忧、鱼虾不为腹忙"的绿色生态长廊。

景观功能。 生态沟渠作为浙江省"五水共治"项目最后一公里的末端工程，也被称为老百姓门口的"毛细血管"，在改善水质的同时构建了一道靓丽的田园生态风景线。如泰顺县筱村镇长垟村凭借生态沟渠系统这一亮点，经县旅游局评选，从 1A 景区提升为 3A 景区。

四、未来推广应用的适宜区域、前景预测和注意事项

（一）技术适宜推广应用的区域

长江中下游平原地区的现代农业园区和粮食生产功能区，基础条件较好、农业面

源污染比较严重的永久基本农田保护区，重点饮用水源保护区等。

（二）未来推广前景预测

农田沟渠系统是山水林田湖草生命共同体的重要组成部分，是农田排水和地表径流、村落生活污水的必经通道，也是农田生态系统的重要支撑。农田氮磷生态拦截沟渠系统是农业面源污染末端治理的有效措施，随着农业面源污染治理的不断加强，预计将在我国得到普遍推广。

（三）技术推广中需要注意的事项

在技术推广应用过程中需特别注意的环节：

1. 选址 落差大、水流急的沟渠，以及仅用于灌溉的沟渠，不建议建设农田氮磷生态拦截沟渠系统。

2. 设计 农田氮磷生态拦截沟渠系统建设专业性强，需选择专业单位设计施工。

3. 后续管护 农田氮磷生态拦截沟渠系统"三分建七分管"，加强后续管理维护，才能发挥工程建设效益。要定期检查并清除沟体内的杂草、外来入侵生物、淤积物、障碍物和废弃物，养护沟岸坡蜜源作物；定期检查沟坡有无松动、裂缝、破损、倾斜等现象，并及时进行修复处理；定期检查沟内装置，必要时进行冲洗、清泥、更换填料、油漆等维护工作；定期监测沟渠水质。

技术负责人和依托单位

推荐单位：浙江省农业农村生态与能源总站

联系人：邵建均

联系地址：杭州市西湖区教工路 93 号

联系电话：0571 - 87398258

电子邮箱：shao_jjun@163.com

技术负责人：浙江省农业农村生态与能源总站鲁长根

联系地址：杭州市西湖区教工路 93 号

联系电话：0571 - 87398299

协作单位：浙江农林大学环境与资源学院、浙江大学环境与资源学院、浙江科技学院环境与资源学院

第五类

节能减排智能装备与配套技术

第一节　西南中稻-再生稻固碳减排
全程机械化栽培技术

一、技术背景

　　再生稻具有生育期短、省工、省种、省肥、节水、稻米品质高、高产高效等优点。据统计，我国南方稻作区适宜蓄留再生稻的稻田约有 330 万 hm²，西南地区作为全国再生稻五大适宜区之一，常年蓄留再生稻 55 万 hm² 左右，约占全国再生稻总面积的 75％。然而，随着我国经济的不断发展和农村劳动力的大量转移，季节性劳动力缺乏问题日益突出，不得不以机械替代人工收割头季稻导致稻桩受到机械碾压严重，再生芽萌发生长受到影响，再生稻蓄留面积和单产水平大幅度缩减。严重挫伤了水稻种植户蓄留再生稻的积极性。首先，农机和农艺关键技术不相适应，是制约西南区再生稻振兴发展的关键瓶颈；其次，传统的种植技术在再生季需要投入大量的氮肥来促进再生芽的萌发，但是再生季单产水平长年在低位徘徊，肥料利用率远远低于头季稻，化学肥料投入过剩，对长江上游环境产生较大的面源污染压力。因此，将中稻-再生稻看做"一个整体"，通过种好头季稻来提升再生稻的生产力。生产上，亟待研发中稻-再生稻相协调的肥料施用策略。最后，再生稻系统温室气体（CH_4）排放主要集中在头季稻生产，因此，可以通过降低头季稻温室气体（CH_4）排放的减排策略，进一步减少再生稻系统温室气体排放总量，减轻水稻生产对气候变化造成的环境压力。

　　十二五以来，在国家和重庆市科技专项资助下，重庆实施了"再生稻振兴计划"，并由重庆市农业科学院下属重庆再生稻研究中心牵头，组织全市科研推广力量开展头季稻机收蓄留再生稻的技术及设备攻关，基于强再生力品种筛选、缓控释肥和干湿交替灌溉的水肥管理策略、稀泥集中育秧、机插机收等的核心技术融合组装，集成了《西南区中稻-再生稻固碳减排全程机械化栽培技术》。生产应用结果表明，该技术增产增收效果明显，在大幅度增加再生稻单产的同时，提升了氮肥利用率，降低了温室气体排放总量，具有广阔的应用前景。

二、技术要点

（一）品种选择

宜选择强再生力品种。选择生育期适中（头季稻生育期 145～150d），再生力强，茎秆抗倒伏性强，中稻-再生稻两季丰产性好，稻米品质达到国颁三级以上的优质稻品种。

（二）秧田管理

1. 适时早播，培育壮秧 塑料硬盘稀泥育机插秧法集中育秧。优先选用 V-6L 手推式水稻播种器精量播种，播种前根据品种千粒重，适当调整播种量。用种量 1.1～1.3kg/亩，大粒稻种播干谷 70～80g/盘，小粒稻种播干谷 60～70g/盘。播种后，踏谷入泥，起拱盖膜，起到保温、保湿和防止雨水冲刷。根据重庆气候条件，最迟不得超过 3 月 15 日。

2. 秧田水肥管理 播种至揭膜期厢沟内灌浅水，做到水不上厢面；秧苗 2 叶期，于晴日先揭秧厢两端的膜炼苗 2～3d，然后再根据天气情况全部揭膜。揭膜后及时灌浅水略微淹过厢面，并追施断奶肥 2～3kg/亩；秧苗 2.5 叶后保持沟中半沟水。移栽前 3～5d 排干秧田水，施用尿素 75kg/亩作送嫁肥，并施药防治苗期病虫害，起秧移栽。秧苗期防治好稻蓟马、恶苗病、立枯病等病虫害。施药方法符合 NY/T 393 的规定。

（三）头季稻种植管理

1. 冬耕整田，减少病虫源 再生稻收获后，于当年冬季及时机耕整田，根据田块大小，选择履带式旋耕机或小型旋耕机耕整稻田，将田中稻桩、杂草等翻入泥土，耕地质量须达到田块平整，地面无杂物，田块内部高低落差小于 3cm。冬季蓄集降水，在淹水条件下消灭稻茬病虫源，同时腐解水稻秸秆，培肥稻田。

2. 中小苗移栽，规范密植 秧龄 3.5 叶时，即可移栽，以促进秧苗早发苗，多发低位分蘖，争取头季稻大穗和群体整齐度，最佳移栽秧段为 3.5～4.5 叶龄。移栽时采用久保田 SPW-48C 型手扶式插秧机栽插，规定插秧机按照稻田的长边行进栽插。栽插行距 30.0cm，株距 18cm±2cm，栽插密度为 1.1 万～1.2 万苗/亩，每穴插 2～3 棵种子苗，漏插率≤5%，均匀度合格率≥85%，栽秧深度 1～2cm。连续缺穴 3 穴以上的，应及时人工补苗，从而提高机插质量。插秧质量符合 NY/T 2192 的规定。

3. 精确施肥，提高群体质量 头季稻肥料运筹方面，施纯氮 7～8kg/亩，按照基肥:穗肥＝7:3 比例施用，$N:P_2O_5:K_2O$ 为 1:0.5:0.8。基肥用水稻专用缓释型复合肥（$N:P_2O_5:K_2O$＝23:7:12）21.3～24.3kg/亩，过磷酸钙 16.7～19.2kg/亩，穗肥追施尿素 4.5～5.2kg/亩，追施氯化钾 5.0～5.8kg/亩。其中，基肥于水稻机插前 1～2d 施入土壤，穗肥肥于头季稻倒 4 叶幼穗分化期施用。追穗肥时须选择晴好天气，待叶片露水退干后，均匀撒施。施肥方法符合 NY/T 394 的规定。

4. 干湿交替灌溉，及时晒田控苗 水分管理方面，薄水机插、寸水活棵促进低位分蘖、当田间苗数达到有效穗 80％左右，及时排水晒田、抽穗开花期保持浅水，灌浆结实至成熟期干湿交替，收割前 7～10d 断水，以便机收。其中，全田茎蘖总数达 14.0 万～15.0 万苗/亩时，及时排水晒田，直至田中出现小缝，露出白根，脚踩不陷落；抽穗开花期保持 3cm 左右水层，缓解夏季高温伏旱危害；灌浆结实期水分管理应保持干湿交替状态，促进头季稻籽粒灌浆结实。收割前 7～10d 左右，及时排干田间渍水，便于收割机田间作业。灌溉水质量符合 GB 5084 的规定。

5. 病虫害绿色综合防治 根据田间病虫预测预报，选用高效、低毒、低残留农药，在关键时期防治好稻瘟病、纹枯病和水稻二化螟、稻飞虱、稻纵卷叶螟和稻苞虫等病虫害。施药方法符合 NY/T 393 的规定。

6. 早施粒芽肥 在头季稻齐穗期至齐穗后 5d，在稻田有水的条件下，施用尿素 10～15kg/亩，以确保再生芽成活率和萌发生长。施肥方法符合 NY/T 394 的规定。

7. 看苗抢收头季稻，规范机收降低压桩率 当头季稻全田稻穗谷粒黄熟 95％以上，全田 10％的稻株可见再生苗时，即休眠芽开始破鞘现青（苗）时，是头季稻收割时间的最好方法。

头季稻收割时间在 8 月上旬，留桩高度宜 30～35cm，以倒 3、倒 4 节位芽萌发生长成穗为主；头季稻收割时间在 8 月中旬，留桩高度宜 40～45cm，以倒 2、倒 3 节位芽萌发生长成穗为主。

机械收获时，较小的田块，推荐使用铁甲牌 4LZ－0.3A 小型收割机收割，较大的田块，推荐沃得履带自走全喂入式谷物联合收割机（4LZ－6.0EQA）收割。规定收割机按照稻田的长边行进收割，减小机械压桩率，提高全程机械化种植再生稻成功率。

（四）再生稻种植管理

1. 立即复水，抗旱保芽 头季稻收获后，立即复水，水层厚度 5～7cm，防止夏季高温伏旱对再生芽的暴晒灼伤。再生芽萌发期，逐渐保持浅水层，再生稻长苗、再生稻开花和再生稻灌浆期，水份采用干湿交替管理，接近黄熟时排干田间水分。灌溉水质量符合 GB—5084 的规定。

2. 巧施提苗肥 头季稻收获后 1～3d 内，结合田间复水灌溉，施用尿素 5～10kg/亩作提苗肥，提高再生稻发苗和高峰苗群体，增加再生稻有效穗。施肥方法符合 NY/T 394 的规定。

3. 适当喷施赤霉素（九二〇），提高抽穗整齐度 再生稻抽穗 60％～70％时，施用赤霉素 3～4g/亩（折纯），兑水 50kg 喷雾，要求充分雾化，增加再生稻抽穗整齐度，提高结实率和产量水平。

4. 再生稻病虫挑治　根据田间病虫预测预报，主要防治好稻瘟病、纹枯病和水稻三化螟、稻飞虱、稻纵卷叶螟等病虫害，对病虫严重的田块重点挑治，确保再生稻丰收。施药方法符合 NY/T 393 的规定。

5. 及时收获，颗粒归仓　当再生稻全田稻穗谷粒黄熟 90％以上，机械收割，按稻谷标准含水量 13.5％水分要求机械烘干，入仓贮存。再生稻稻谷符合 GB/T 17891 的规定。

三、技术（模式）示范推广情况

（一）技术（模式）示范推广应用的领域、时间、地点、示范规模

2015 年，在重庆市铜梁区南城街道巴岳村开展头季稻机收蓄留再生稻示范片，示范规模 400 亩；同年，在开县南门镇新铺村实施中稻-再生稻高产高效模式攻关示范 1 100 亩。

2017 年，在重庆市永川区来苏镇水磨滩村、南大街街道兴隆村分别示范机收蓄留再生稻示范 200 亩。2018 年，在重庆市永川区大安镇二郎坝村实施中稻-再生稻两季丰产增效关键技术示范 1 100 亩。2019 年，在重庆市永川区来苏镇观音井村实施中稻-再生稻全程机械化丰产增效关键技术示范 150 亩。

（二）技术（模式）推广应用所取得的固碳减排、适应气候变化与防灾减灾等方面的增产增收和生态效益情况

经济效益方面，2015—2019 年，课题组采用集成的"西南区再生稻固碳减排全程机械化栽培技术"，在西南再生稻区经过多年多点的试验示范，千亩示范片头季稻产量达到 9.3～9.6t/hm²，百亩核心示范片头季稻产量达到 10.05～10.5t/hm²，千亩示范片再生稻稻产量达到 1.95～2.55t/hm²，百亩核心示范片再生稻产量达到 3.00～3.39t/hm²。大面积应用该技术，头季稻单产增加 6.89％～10.34％，再生稻单产增加 18.18％～36.36％，单位面积增产增收 168～280 元/hm²。

生态效益方面，课题组采用缓控释肥及组配施用方式在开展大田试验，结果表明，较常规高产施肥模式，头季稻施用 4 个月树脂尿素缓控释肥不同程度提高了中稻-再生稻氮肥利用率，其中 4 个月树脂尿素与普通尿素组配，按照"一基一蘖"方式（BT-PCU），中稻-再生稻氮肥回收利用率达到 51.7％～54.4％，大幅提高了肥料利用效率。

同时，课题组采用了不同再生稻品种，比较了干湿交替灌溉模式和常规淹水灌溉模式的温室气体排放，结果表明，中稻再生稻温室气体排放主要集中在头季稻时期，排放总量达到 555.9～806.0kg/hm²，再生稻仅 11.7～35.6kg/hm²。较常规灌溉，干湿交替灌溉下头季稻每生产 1 000kg 粮食，减排温室气体 16.9～35.3kg/hm²，再生稻减排 0.7～2.1kg/hm²。减排幅度较大，在西南区具有广阔的应用空间。

技术示范效果累计 10 次通过专家田间验收。"宜机化区中稻-再生稻全程机械化优质丰产栽培技术"入选重庆市 2020 年主推技术（渝农办发〔2020〕30 号）。

主要的科研成果包括：

科技成果"长江上游杂交中稻-再生稻高产高效栽培技术机理及模式研究与应用"荣获 2015 年度重庆市科技进步一等奖；

科技成果"再生稻高产高效清洁生产关键技术与应用"荣获 2017 年度高等学校科学研究优秀成果奖科学技术进步奖二等奖。

四、未来推广应用的适宜区域、前景预测和注意事项

（一）技术适宜推广应用的区域

本技术适用于西南海拔 350m 以下的河谷及丘陵、平坝地区，农田水利设施完善，排灌方便，有水源保证的宜机化中稻-再生稻适宜区，或生态区类似的生态区。

（二）未来推广前景预测

按照西南区再生稻现在收获面积 32 万 hm^2，在有条件的平坝和沿江河谷地区推广"再生稻固碳减排全程机械化栽培技术"达到现有收获面积的 56.5%～66.5%，可每年增加稻谷产能 24.5 万～28.8 万 t，达到 212.2 万～249.6 万 t，每年减少温室气体排放 5.8 万～6.9 万 t，可较大幅度降低水稻生产对气候变化的影响。

（三）技术推广应用中需要注意的事项

1. 较传统人工种植，应保障机械化操作的规范性，确保机插、机收按照稻田的长边进行，并集中成片示范推广，提高再生稻产量和成功率。

2. 应用本技术的情况下，较传统人工种植，头季稻生育期有一定延迟，特别是再生稻在 10 月中下旬收获，需要收割机和烘干机配套，避免阴雨寡日对稻谷收储的影响。

技术负责人和依托单位

联系人：张巫军
联系地址：重庆市永川区南大街科园路 9 号
联系电话：18983692235
电子邮箱：zhangwj881125@163.com
负责人：姚雄、李经勇
联系地址：重庆市永川区南大街科园路 9 号
联系电话：18983692215
电子邮箱：417829517@qq.com

第二节 农田水肥一体化技术

一、模式背景

我国水资源严重紧缺，总量仅为世界6%，人均不足世界平均水平的1/4，耕地亩均水资源量仅为世界平均水平的1/2，每年农业用水3 600亿 m³ 左右，约占全国总用水量的62%，缺口超过300亿 m³。水资源时空分布不均，北方地区耕地面积占60%，水资源不足20%。由于节水农业投入不足，节水技术推广普及率偏低，农业灌溉水粮食生产力仅为1kg/m³，三大粮食作物化肥利用率不足40%，远低于发达国家水平。提高水肥利用效率，必须依靠科技，特别是推广普及水肥一体化技术。水肥一体化技术是管道灌溉与科学施肥的有机结合，就是将肥料溶解在水中，通过管道灌溉系统，灌溉和施肥同时进行，适时适量、方便快捷地将水分和养分输送到作物根部，满足作物水肥需求，实现水肥一体化管理和高效利用的节水农业技术。该技术通过实现渠道输水向管道输水转变、浇地向浇庄稼转变、土壤施肥向作物施肥转变、水肥分开向水肥一体转变，能有效满足作物水肥需求，大幅度提高粮油作物单产。

二、模式要点

（一）水源和水质要求

江河、湖泊、库塘、井泉等均可作为灌溉水源，水质应符合GB 5084农田灌溉水质标准，并针对灌溉系统要求进行相应调整。使用微咸水、再生水等特殊水质水源时应进行论证。

（二）灌溉及施肥设备

灌溉设备应满足农业生产和灌溉施肥需要，保证灌溉施肥系统安全，并符合经济适用的要求。灌溉设备应符合国家现行相关标准的规定。施肥设备主要有压差式施肥罐、文丘里施肥器、施肥泵、施肥机、施肥池等，根据系统要求、应用面积、施肥精度等进行选择。压差式施肥罐应使用抗腐蚀、耐压材料，开口较大、高度适中、便于操作，抗压能力不低于所处系统的最大工作压力。文丘里施肥器应使用抗腐蚀材料，根据控制面积、管道流量和压力等进行选择。施肥泵和施肥机应使用耐腐蚀材料，或在与肥料接触的部件上涂防腐层。施肥池适用于控制面积较大的灌溉施肥系统，应增设防护措施。

（三）系统布设

干支管应根据地形、水源、作物分布和灌水器类型等进行布设，相邻两级管道应相互垂直，使管道长度最短而控制面积最大。当水源离灌区较近且灌溉面积较小时，可只设支管，不设干管。在丘陵山地，干管应沿山脊或等高线布置，支管则垂直于等

103

高线。在平地，干支管应尽量双向控制，两侧布置下级管道。毛管和灌水器应根据作物种类、种植方式、土壤类型、灌水器类型和流量进行布置。对条播密植作物，毛管应平行作物种植方向布置；果园等乔灌木，土壤为中壤土或黏壤土时，可选择每行树一条滴灌管，土壤为沙壤土时，可选择每行树两条滴灌管；果树的冠幅和栽植行距较大、栽植不规则或根系稀少时，应选择环绕式布置。水源部位应安装逆止阀，防止水肥污染水源。根据水源水质和灌水器对水质的要求选择过滤器，必要时采用不同类型的过滤器组合进行多级过滤。滴灌过滤器精度不低于 120 目，微喷过滤器精度为 60～80 目，大型喷灌机过滤器精度为 20～60 目。系统安装后，应进行管道水压试验、系统试运行和工程验收，灌水均匀系数应达到 0.8 以上。

（四）水分管理

收集气象、土壤、农业等相关资料，开展墒情监测，根据作物需水规律、土壤墒情、根系分布、土壤性状、设施条件和节水农业技术措施等制定灌溉制度，包括作物全生育期的灌溉定额、灌水次数、灌水时间和灌水定额等。按照作物根系特点确定计划湿润深度，使灌溉水分布在根系层。蔬菜适宜的计划湿润深度一般为 0.2～0.3m。果树因品种、树龄不同，适宜的计划湿润深度为 0.3～0.8m。灌溉上限一般为田间持水量的 85%～95%，灌溉下限一般为田间持水量的 55%～65%。粮油作物滴灌湿润比 60%～90%，微喷灌为 60%～100%。降雨多的地区宜选下限值，降雨少的地区宜选上限值。

（五）肥料选择与搭配

选择溶解度高、溶解速度较快、腐蚀性小、与灌溉水相互作用小的肥料。当灌溉水硬度较大时，宜采用酸性肥料。若固体肥料水不溶物＞5%时，需提前采取溶解、沉淀和过滤等措施。肥料搭配使用时应考虑相容性，避免相互作用而产生沉淀或拮抗作用。混合后会产生沉淀的肥料应单独施用，即第一种肥料施用后，用清水充分冲洗系统，然后再施用第二种肥料。

（六）施肥与灌溉制度制定

按照目标产量、作物需肥规律、土壤养分含量和灌溉施肥特点制定施肥制度，包括施肥量、施肥次数、施肥时间、养分配比、肥料品种等。按照肥随水走、少量多次、分阶段拟合的原则制定灌溉施肥制度，包括基肥水肥比例、作物不同生育期的灌溉施肥次数、时间、灌水定额、施肥量等，满足作物不同生育期水分和养分需要。根据灌溉制度，将肥料按灌水时间和次数进行分配，充分利用灌溉系统进行施肥，适当增加追肥数量和追肥次数，实现少量多次，提高养分利用率。根据施肥制度，对灌水时间和次数进行调整，作物需要施肥但不需要灌溉时，增加次数，减少定额，缩短时间。根据天气变化、土壤墒情、作物长势等实际状况，及时对灌溉施肥制度进行调整。

（七）系统使用和维护

灌溉施肥系统使用时应先滴清水，待压力稳定后再施肥，施肥完成后再滴清水。施肥前、后滴清水时间根据系统管道长短、大小及系统流量确定，一般为 10～30min。在灌水器出水口利用电导率仪等定时监测溶液浓度，通常电导率不大于 3mS/cm，避免肥害。定期检查、及时维修系统设备，防止漏水使作物灌水不均匀。经常检查系统首部和压力调节器压力，当过滤器前后压差大于 0.02～0.07MPa 时，应清洗过滤器。定期对离心过滤器集沙罐进行排沙。作物生育期第一次和最后一次灌溉时应冲洗系统。每灌溉 2～3 次后冲洗 1 次。作物生育期结束后应进行系统排水，防止冬季结冰爆管，做好易损易盗部件（空气阀、真空阀、调压阀、球阀等）保护。

三、模式示范推广情况

2012 年以来，水肥一体化技术逐步在全国示范推广，目前年推广面积已达 1.5 亿亩左右，为促进作物增产、节水、节肥作出了重要贡献。内蒙古、吉林、辽宁、黑龙江等地应用膜下滴灌水肥一体化技术，玉米亩增产 200～300kg；河北、山东、河南等地应用微喷水肥一体化技术，冬小麦亩增产 100kg，玉米亩增产 150kg。增产幅度都在 20%～50%。与传统的灌水和施肥方式相比，水肥一体化亩节水 100m³ 以上，水分利用效率提高 20%～50%，节肥 10%～25%，肥料利用率提高 10%～20%。该技术在 2015 年被行业内专家评为现代农业"一号技术"。

四、未来推广应用的适宜区域、前景预测和注意事项

（一）适宜区域

全国各地区都适宜该技术推广应用。

（二）前景预测

习近平总书记今年在宁夏考察时作出"农业要节水化"的重要指示，水肥一体化技术作为节水节肥的重要技术措施，必将迎来更加广阔的发展前景。下一步，全国农技中心将按照《国家节水行动方案》总体要求，根据各地水资源条件，分区域规模化推进水肥一体化高效利用，推进农业适水种植、量水生产。在北方农业主产区成熟应用的基础上，统筹考虑各地雨水资源、农业发展基础等情况，开展全生物降解地膜水肥一体化、浅埋滴灌水肥一体化、地埋可伸缩式水肥一体化等技术的试验示范。

（三）注意事项

水质应符合 GB 5084 农田灌溉水质标准要求；水源部位应安装逆止阀，防止水肥污染水源；应选择溶解度高、溶解速度较快、腐蚀性小、与灌溉水相互作用小的肥料，且肥料搭配时应考虑相容性，避免相互作用而产生沉淀或拮抗作用。

> **技术负责人和依托单位**
>
> 1. 推荐单位：全国农业技术推广服务中心
> 联系人：张赓
> 联系地址：北京市朝阳区麦子店街 20 号楼 718 室
> 联系电话：010 - 59194533
> 电子邮箱：water@agri.gov.cn
> 2. 技术单位：内蒙古自治区土肥站
> 联系地址：呼和浩特市乌兰察布东街 70 号
> 邮政编码：6652231
> 联系人：闫东
> 联系电话：0471 - 15947617558
> 电子邮箱：nmgtfzjsk@163.com
> 3. 山东省土壤肥料总站
> 联系地址：山东省济南市历城区工业北路 200 号
> 邮政编码：81608034
> 联系人：吴越
> 联系电话：0531 - 81608039
> 电子邮箱：tufeizhan@163.com
> 4. 北京市农业技术推广站
> 联系地址：北京市朝阳区惠新里高原街 4 号
> 邮政编码：100029
> 联系人：孟范玉
> 联系电话：010 - 84638049
> 电子邮箱：mengfanyu.1985@163.com

第三节　黄淮海小麦播前播后二次镇压抗逆高效技术

一、技术背景

黄淮海地区小麦生产耕种环节主要为旋耕播种和耕作播种这两种方式。连年旋耕播种地块，多存在农田犁底层上移、增厚，农田土壤养分表层富集的现象，导致根系下扎困难、根系分布浅，加之秸秆还田质量和播种质量不高，致使播种深度不一致，小麦根土结合不紧密，导致茎基腐病等部分土传病害发生较严重，小麦逆境抵御能力不高，产量低而不稳。翻耕整地播种地块，受机械化程度和生产规模的制约，耕地、整地和播种作业大都分步进行，多次机械作业不仅会造成作业时间与作业费用增加和作业效率下降，同时也因多次机械扰动而加快耕层土壤水分流失，再加上耕层土壤松暄，播种深度难以控制，导致小麦出苗困难或出苗不齐等问题，进而影响小麦产量和生产效益。形成了农民小麦生产的积极性不高——管理技术粗放——小麦产量低而不稳——生产效益降低的恶性循环，影响小麦产业的健康发展。

针对上述小麦生产中的突出问题，围绕增产增收和节本增效这两个方面，以提高小麦抗逆稳产能力、实现小麦增产增收为目标，以提高小麦生产机械作业质量和作业效率为切入点开展研究，创新集成小麦播前播后二次镇压抗逆高效技术，并实现农机农艺结合，提升小麦单位面积生产能力和小麦生产效益，维护粮食安全和小麦产业健康发展。

二、技术要点

（一）核心技术

二次镇压保墒壮苗技术：上季作物收获、秸秆还田和深耕后，通过二次镇压施肥播种一体机，一次完成驱动耙碎土整平和耕层肥料匀施、镇压辊播种前苗床镇压、宽幅播种、播种后镇压轮二次镇压等复式作业，实现高效高质量整地播种，达到土壤保墒与小麦苗齐苗壮的目的。此外，配套播种机还可以根据生产需要，在整地播种同时进行滴管带铺设作业。

（一）配套技术

1. 种子选用与处理　选用产量潜力高、分蘖成穗率高、抗逆性强的多穗型品种，在播种前针对当地病虫害发生情况，选用相应包衣剂或拌种剂进行种子处理。

2. 水分调控技术　浇好越冬水，壮苗越冬；起身拔节期进行适度控水，促进根系下扎，优化根系构型，提高小麦抗逆能力；生育后期适度控水，协调土壤水气矛盾，延缓植株衰老，加快生产物质向籽粒转运。

3. 氮素诊断变量追施　在施用基肥的基础上，在小麦起身拔节期进行氮素诊断，确定合理的追肥时间和施用量，结合灌溉进行合理施肥。

4. 病虫草害综合防控　在种子处理的基础上，结合当地病虫草害发生规律和当季生产实际，根据"突出重点、因地制宜、分类指导"的原则和"预防为主，综合防治"的植保方针，进行病虫草害防控。

三、技术示范推广情况

（一）技术（模式）示范推广应用的领域、时间、地点、示范规模

自 2014 年以来，在全省范围内开展了小麦播前播后二次镇压抗逆高效技术的试

验示范、宣传和配套农机的推广应用工作。目前,该技术在德州、聊城、潍坊、淄博、滨州、济南、泰安、济宁等地实现了规模化应用。2018年,德州市夏津县小麦生产中,该技术的用户订单面积超出了托管企业的农机作业能力,企业也因此增加了农机购置预算;2019年,该技术在山东省进行了大面积推广应用,同时在河北省和河南省部分地区开展了试验示范。技术的整地播种效果和产量效益明显,受到种粮大户、专业合作社和家庭农场等新型农业经营主体的认可和欢迎。2019年秋种,该技术的配套播种机生产企业出现了播种机生产供不应求的局面。据不完全统计,2019年该技术的播种应用面积已突破400万亩。

(二)技术(模式)推广应用所取得的固碳减排、适应气候变化与防灾减灾等方面的增产增收和生态效益情况

与传统栽培技术相比,小麦播前播后二次镇压抗逆高效技术提高了整地作业质量和效率,耕层土壤的理化性状明显改善,种床部位土壤紧实度和播种深度的协同性明显提高,增强了小麦逆境抵御能力。平均增产34.4kg/亩,亩均节约物化投入(种子、化肥)31.54元,机械作业成本降低31.2元/亩。2015年,在济南市济阳县新市镇高产攻关田利用该技术平均亩产达到733.9kg;2017年夏津县雷集镇轻度盐碱地平均亩产562.0kg,均比相邻传统栽培地块增产20%以上;2019年,经专家组测产,在聊城市茌平县韩屯镇创造了764.9kg的小麦高产典型;在德州市夏津县义渡口乡创造了优质强筋小麦(济麦44)亩产602.8kg高产典型,比对照增产6.43%,较好地协调了高产与优质的矛盾。

(三)获得的评价或鉴定情况等(专家评价或生产一线评价)

1. 获得奖励情况 2019年1月,小麦轻简高效绿色栽培技术研究与应用,山东省农业科学院科学技术奖一等奖。

2. 技术成果得到成果评价专家组高度评价 该技术通过中国农学会组织的成果评价,得到于振文院士、赵振东院士、郭文善教授、郭天财教授、赵明研究员、尚书旗教授、高瑞杰研究员等专家的一致认可,并给予较高评价。

2019年,农业农村部小麦专家指导组在苗情考察中,对该技术给予了充分肯定。

四、未来推广应用的适宜区域、前景预测和注意事项

(一)技术适宜推广应用的区域
本技术适合在黄淮海地区的水浇地耕作条件下推广应用。

(二)未来推广前景预测
随着小麦生产规模化和机械化的发展,大马力拖拉机数量显著增加,为整地播种一体化作业提供了机械装备保障;整地播种一体化作业既缩短了作业时间,也减少了土壤水分的无效蒸发,在提高出苗整齐度和节水方面具有显著优势,作业还有防尘环

保的特点。应用前景广阔。

（三）技术推广应用中需要注意的事项

1. 土壤耕作环节对土壤墒情的要求 应在小麦适宜播种期内进行小麦耕种作业，耕种前，要求土壤含水量能够满足小麦正常出苗要求。

2. 土壤耕作环节对秸秆还田质量的要求 由于该技术将耕地与播种一次性完成，对秸秆还田质量和耕地质量要求较高，一般要求耕翻深度应在 25cm 以上，并将秸秆掩埋于地下。

3. 播种前进行农机田间调试 在整地播种之前，做好播种机播种量、播种深度等的调试工作，确保小麦播种出苗质量。

技术负责人和依托单位

推荐单位：山东省农业科学院作物研究所

联系人：戴海英

联系地址：济南市历城区工业北路 202 号

邮编 250100

联系电话：0531 - 66659256

电子邮箱：kycybgs@sina.com

技术负责人：王法宏、张宾

联系地址：济南市历城区工业北路 202 号

邮编 250100

联系电话：18006361570/0531 - 66658123

电子邮箱：wheat - cul@163.com

第四节 水稻机插同步侧深一次性施肥技术

一、技术背景

插秧过程中同步向水稻根侧精量施肥技术，改变了传统的水稻栽培方式和施肥方式，降低了水稻生产对劳动力的需求，符合转型时期水稻轻简化和机械化生产要求。该技术将肥料集中输入土壤，减少了施肥量且利于根系吸收利用，能够较大程度的提高肥料利用效率，降低环境污染。提质增效情况：该项技术减肥增产效果明显，每亩平均减少用工 0.2～0.4 个。

二、技术要点

1. 安装合适的施肥机 在插秧机上安装螺旋侧深施肥机，实现插秧、施肥同步作业。该装臵的技术核心，一是螺杆强制推进技术，二是施肥量的闭环控制技术。施肥插秧机马力应大于 19ps。

2. 选择适宜种类的肥料

（1）机插时，同步施用的基肥需选用普通复合肥料或者控释肥料。

（2）肥料形状呈球形，直径大小在 2～5mm 范围内，大小均匀一致。

（3）用手挤压肥料颗粒，不易碎。

（4）吸湿性较弱，肥料颗粒不相互黏连，不易结成团和块。

（5）当选用普通复合肥时，需要采用一次侧深基肥＋一次追肥的肥料运筹方式，施肥总量较常规施肥可减少 15% 左右。当选用控释肥料时，中籼稻可采用一次侧深基肥＋一次追肥，或者采用一次性侧深基肥的施肥方式（此时需要选用氮含量适宜、在 6、7 月的环境温度下控释期 30d，之后的 30d 需释放 85% 的肥料），施肥总量较常规施肥可减少 15%～20%。长生育期中粳稻最好采用一次侧深基肥（减肥量减少 10%）＋追一次孕穗肥（较常规肥料量减少 20%～30%）的运筹方式，施肥总量较常规施肥可减少 15% 左右。

3. 精细整地 要求做到"耙细、整平、洁净、沉实"。田块耕整深度均匀一致，土壤表面高低落差不能大于 3cm；田面无残茬、无杂物；耕作层深度小于 30cm，田面泥浆沉实但不板结，机插作业时不陷机，不拖泥。

4. 合理的肥料用量 适当降低肥料用量，与常规施用量相比，机插同步侧深施肥技术肥料用量可减少 15% 左右。适宜区域：安徽江淮和沿江平原水稻生产区。注意事项：使用前对侧深施肥机的施肥量精准度进行校准。选择直径在 2～5mm，大小均匀一致，不易碎，吸湿性较弱，不易结成团和块的颗粒肥料，否则易导致施肥量不准确，同时还易造成除肥口堵塞。机插前，田面一定要平整，否则易导致肥料无法精准施用到合理的位臵。

5. 保证机械施肥精确的肥料施用位臵 应用侧深施肥装置，在机插秧的同时同步将颗粒肥料定位、定量、均匀地施于秧苗侧位，肥料入泥后距离秧苗 5cm，施肥深度距离地表 5cm，施肥后肥料呈条状，与秧苗移栽方向平行。作业时，要求浅水（水层＜5cm）或无水层，调整好株行距，匀速前进，避免伤苗、缺株和倒苗。机插秧做到苗稳、直、不下沉，漏插率＜5%，伤秧率＜5%，相对均匀度合格率≥85%。同时，要按照推荐的施肥用量，调节调整好排肥量档位，作业过程中药严防排肥口堵塞。每天作业完毕后要清扫肥料箱，以备下次作业。

三、技术（模式）示范推广情况

（一）技术（模式）示范推广应用的领域、时间、地点、示范规模

2018、2019 年已在安徽桐城市、望江县、庐江县、舒城县、巢湖市、肥东县、定远县等 20 多个县（市）开展水稻机插同步侧深施肥技术示范，面积 5 万亩以上。

（二）技术（模式）推广应用所取得的固碳减排、适应气候变化与防灾减灾等方面的增产增收和生态效益情况

2019 年 10 月 19—20 日，安徽省农业农村厅组织组织专家对江淮中稻机插侧深施肥技术示范现场进行测评，测评结果如下。

① 望江县九成畈农场水稻机插同步侧深施肥技术示范区（600 亩）经专家现场测产验收，该技术在减肥 5%～7%、减施返青肥和穗肥两次作业的情况下，水稻产量平均达 652.4kg/亩，较对照增产 19.6%；同时，水稻机插同步侧深施肥技术较对照技术减少施肥 2 次（返青肥肥＋分蘖肥），氮、磷（纯量）分别减少 1.5kg/亩、0.3kg/亩，降幅分别为 7.0% 和 5.7%；每亩平均减少用工 0.2 个，节本增效显著。

② 桐城范岗镇水稻机插同步侧深施肥技术示范区（5 200 亩）经专家现场测产验收，该技术在减肥 20%～30%、减施分蘖肥一次作业的情况下，水稻产量平均达 623.1kg/亩，较对照增产 2.6%；与对照技术相比，水稻机插同步侧深施肥技术减少施肥 2 次（面肥＋分蘖肥），氮、磷、钾（纯量）分别减少 4.4kg/亩、1.5kg/亩和 1.0kg/亩，降幅分别为 34.1%、25.0% 和 16.7%；每亩平均减少用工 0.4 个，节本增效显著。

（三）获得的评价或鉴定情况等（专家评价或生产一线评价），该技术或以该技术为核心的成果获得科技奖励情况

该技术 2020 年列为安徽农业主推技术，全省水稻主产县市均开展示范（安徽省农业厅出台加速示范推广技术和工作方案），实施面积 150 万亩以上。

四、未来推广应用的适宜区域、前景预测和注意事项

（一）技术适宜推广应用的区域

本技术模式适应于水稻主产区（具备机插秧基础）。

（二）未来推广前景预测

技术近年因为劳动力成本的快速攀升以及减肥绿色生产技术的发展而得到政府、农民的欢迎，在全国各地特别是南方有机插秧基础的主产稻区（如安徽、江苏）快速发展，未来将快速发展，并推进机插技术的普及。

（三）技术推广应用中需要注意的事项

1. 使用前对侧深施肥机的施肥量精准度进行校准。

2. 肥料表面光洁，粒径在 2～5mm（尤其 3～4mm），大小均匀一致，不易碎，吸湿性较弱，不易结成团和块。

3. 机插前，田面平整，上湖下实，开沟排肥器划过后快速自然淤合，覆盖肥料。

技术负责人和依托单位

推荐单位：安徽省农业科学院水稻研究所
联系人：周永进
联系地址：安徽省合肥市农科南路 40 号作物科学楼
联系电话：18110901570
电子邮箱：zhouyongjin1111@163.com
技术（单位）负责人：吴文革
联系地址：安徽省合肥市农科南路 40 号作科楼五楼
联系电话：13955176826
电子邮箱：aaasrri@163.com

第五节　华北地区夏玉米分层施肥减氮增效减排技术

一、技术背景

针对作物生产中存在的气候灾害和主要障碍，以及作物生产在固碳减排、节本增效和稳产高产方面存在的技术需求及难点，提供技术（模式）研发推广的具体背景和解决思路。

华北地区是冬小麦-夏玉米种植体系的主要集约化农业区，施用化肥提高粮食产量是现阶段农业生产行之有效的方法，过去 30 多年间化学氮肥投入量大和肥料利用率低的现象较为普遍。粮田系统常年旋耕、盲目过量施用无机化肥等传统的耕作施肥模式导致土壤犁底层变浅和蓄水保肥能力下降，土壤肥力降低，不仅造成养分失衡和能源浪费，还产生了大量的 N_2O 排放，进一步加剧环境污染风险。大部分作物在种植过程中一般为基肥+追肥模式，玉米生长季雨热同期，传统生产中有采用"一炮轰"的施肥方式，这些施肥方式均是把作物全生育期需要的各种养分全部施在地表。因此，改变传统的施肥理念，优化氮肥投入量和施用方法，科学满足作物对养分的吸收，从而提升作物品质，改善农产品产地环境，保障农产品质量安全，实现科学施肥、科学种田，构建节本、增效、减排三赢的农业种植管理模式。根据目标产量、土壤养分供应能力和作物养分需求规律，推荐含有氮肥调控剂的缓控释氮肥与磷钾肥科学专用配方及其相应的合理施用方式，大幅降低农田温室气体排放，提高肥料利用效率。

首先，根据作物对养分需求的规律，基于土壤肥力现状，科学确定施肥量，彻底改变农民"多施肥、多产量"观念，基于优化施肥量，有机无机肥配施，添加抑制剂减少氧化亚氮和氨挥发，提高肥料利用效率。然后，采用深松两肥异位分层精播技术，减少施肥过程中的肥料浪费，实现给土壤同时分层施加两种不同肥料，将氮肥施在表层，部分控释氮肥、全部磷钾肥和生物有机肥施到土壤异位深层，在施肥的同时完成精量播种，提高作物对养分的吸收利用效率，减少温室气体排放。

二、技术要点

围绕夏玉米种植系统增效降损减排的目标，创新了"氮素上层控释、磷钾下层深施、肥种时空适配、缩氮减损提效"的玉米两肥分层异位精播一体化关键技术，本项目技术先进，简便易行，实现了氮素减施增效，降低了氮素损失及温室气体排放。考虑到氮肥溶解性和在土壤中移动性较强，实现表层施用控释氮肥，深层施用磷钾含量中等以上的复合肥，研发了一种两肥异位分层施肥器。实现给土壤同时分层施加两种不同的肥，将部分氮肥施在表层，部分控释氮肥、全部磷钾肥和生物有机肥施到土壤异位深层，施肥同时完成播种，大幅度提高效率，节约时间和人工成本。深松两肥异位分层精播技术较浅播精播技术玉米长势好，生物量大，穗位叶夹角张大，玉米秸秆穿刺强度增加，产量提高，氮、磷、钾肥利用率均可提高 10％以上，土壤容重、孔隙度和深层含水量等物理性质得到改善。玉米季利用创新研发新型施肥播种技术，5～20cm 施用含 5％DCD 控释氮肥 20kg，20～30cm 施用提前混配好的肥料（5％DCD 的控释氮肥 16kg，颗粒过磷酸钙 38kg，氯化钾 12kg）。

主要技术要点：

（一）浅层施肥

利用施肥器等装置，将肥料施在地表 5cm 以下至深度不大于 13cm 的深松沟中，且肥料分 3～4 层不小于 8cm 的一种施肥方法。

（二）深层施肥

利用深松施肥器等装置，将肥料施在距离地表 15cm 以下至深松深度不大于 30cm 的深松沟中，且肥料分 3～4 层不小于 15cm 的一种施肥方法。

（三）肥层厚度

浅层肥和深层肥分层施肥时，浅层肥（5～13cm）最上面一粒肥料至最下面一粒肥料之间的垂直距离，深层肥（15～30cm）最上面一粒肥料至最下面一粒肥料之间的垂直距离。

（四）作业条件

作业地块应地势平坦、无障碍，深松范围内不能有石块、根茎、建筑和生活垃圾等大块杂物。土壤质地、含水量、紧实度等应适宜深松施肥播种作业。土壤质地以壤土为宜，包括轻壤、中壤、重壤和砂壤等，土壤含水量适宜在 $12\%\sim20\%$，土壤紧实度不大于 $1\,500\mathrm{kPa}$。土壤含水量低时应造墒播种，或者播种后及时灌溉，保证出苗整齐。前茬作物留茬高度不大于 $10\mathrm{cm}$。如果地里有切碎的秸秆，秸秆切碎长度应小于 $10\mathrm{cm}$，秸秆均匀抛撒于地表。

三、技术示范推广情况

（一）技术示范推广应用的领域、时间、地点、示范规模

2015—2020 年采用试验示范推广相结合的方法，培训农民和农技人员 9 000 多人次。"氮素上层控释、磷钾下层深施、肥种时空适配、缩氮减损提效"的玉米两肥分层异位精播一体化关键技术，在宁晋、清苑、饶阳、桃城、深州等县区示范推广，小麦 100 万亩，玉米 105 万亩。

（二）技术推广应用所取得的固碳减排、适应气候变化与防灾减灾等方面的增产增收和生态效益情况

2015—2020 年，两肥分层异位精播技术较农民习惯施肥技术玉米增产 11.6%，减排温室气体 44.6 万 kg，减少土壤氮素损失 4.6 万 t。

（三）获得的评价或鉴定情况等（专家评价或生产一线评价），该技术或以该技术为核心的成果获得科技奖励情况

以该技术为核心，2018 年完成"河北小麦-玉米轮作系统减氮增效关键技术"成果评价 1 项，2019 年荣获河北省科技进步二等奖。

四、未来推广应用的适宜区域、前景预测和注意事项

（一）技术适宜推广应用的区域

该技术适宜于华北地区机械化条播的玉米种植区。

（二）未来推广前景预测

该技术将充分发挥土壤各层养分分布优势，培育和挖掘深层土壤生产潜力，实现养分供应和作物需求的时间同步和空间同位，降低农业生产成本，提高肥料利用率，改善土壤生态环境，稳定作物高产水平，降低农田温室气体排放。能够满足大田作物轻简施肥的需要，因此在华北玉米种植区具有广泛的应用前景。

（三）技术推广中需要注意的事项

在夏玉米种植区，需要根据不同区域产量目标的需肥量和土壤肥力条件，确定优化施肥量，然后在推荐施肥量的基础上减少 20% 的氮肥用量，再配施抑制剂，将会

产生明显的减排效果和产量效应。

┌─ **技术负责人和依托单位** ─┐

联系人：苗倩
联系地址：北京市海淀区中关村南大街 12 号
联系电话：010-82109768
电子邮箱：miaoqian@caas.cn
联系人：李迎春
联系电话：010-82105985
电子邮箱：liyingchun@caas.cn

第六节　水稻无人机种、肥、药全程智能管理技术模式

一、技术背景

目前水稻直播栽培全生产过程中的播种、施肥及防治病虫害等田间作业中，播种施肥主要靠地面水稻直播机或人工撒播，植保主要以背负式机动弥雾喷粉机或各类手动背负喷雾机进行化学植保。要长时间负重水田步行作业，劳动强度大、作业效率低，又因各阶段适合作业的时间短、任务重，使得水稻植保作业成为扩大农业经营规模的一个制约因素，迫切要求田间管理作业有更好的新方法。

根据这一特点，随着我国植保无人机的高速发展，中国农业大学药械与施药技术研究中心针对直播水稻品种采用新型无人机进行播种、施肥、施药全程智能管理的新型作业模式，并结合相关试验研究对播种、施肥、施药无人机的田间作业性能进行大量的试验研究与示范推厂，进行了全面系统的综合总结，创建了水稻种肥药无人机全程管理综合技术。

二、技术要点

（一）耕耙整地

上茬作物（小麦）收割后，拖拉机携带农机具进行耕整地，将田间大块杂物清理，此过程可以撒施基肥，在耕地的同时，将肥料与土壤充分混合，一般情况基肥按照每亩 15kg 进行施用；耙地过程主要保证水田平整，为后续种子着床做准备，有田间地区可以使用激光平地机；灌溉至水层没过土壤表面，保水 7d 后排水，漏出湿润

土层。

（二）选种催芽

播种前提前 24h 用清水浸泡种子进行常温催芽；种子催芽过程不宜太长，种子芽长不可超过 2mm，肉眼观察刚冒芽即可，大约是一个 1 元硬币厚度；种子催芽过度，容易破碎嫩芽，不利于水稻出苗率。一般情况提前 1d 催芽即可，催芽后第二天运输至田间田埂。

（三）无人机播种

无人机播种作业中，将播种装置和无人机连接起来，播种装置内有不同口径的下料口，下料口越大播种量越多；水稻种子由下料口落到撒播盘中，撒播盘以一定转速将种子撒播出去。除了撒播方式，还有一种播种装置，可以使种子像地面直播机一样将种子以行进行播种。播种过程调整飞机高度至 2～3m，飞行速度 2.5m/s 左右，撒播均匀性最好，种子田间分布变异性不能超过 20%。根据南北区域差异，水稻行间距有差异，普遍调整行间距 20～30cm，无人机播种与常规直播或人工播种时间一致，水稻播种量为 450～600kg/hm²。

（四）无人机施肥

作业前检查肥料颗粒情况，如化肥等颗粒需保证其没有受潮，无结块现象，无破损成粉现象。加料前确保颗粒无杂质，检查颗粒有无杂质后才可以添加到飞行器载体。确保过滤掉棍状、片状、块状等杂质以保证出料口通畅、播撒均匀。颗粒肥料相对水稻种子重，撒播时飞机飞行参数会有一定不同，一般情况飞机飞行高度为 2～3m，飞行速度 2～5km/h。

（五）无人机施药

无人机喷洒前检查各个施药管路是否通顺，按照农药药剂配备技术混合药液，然后转移到药箱中。无人机施药包括喷洒/撒除草剂、杀虫剂、杀菌剂、生长调节剂。除草剂根据剂型不同分为药液喷洒和颗粒抛撒两种形式，颗粒抛撒所用装置与播种和施肥装置相同。喷洒除草剂根据每亩施药量选择，除草剂每亩施药量不低于 2.5L，雾滴粒径不低于 $300\mu m$，选用防飘气吸型喷头 IDK120-015、IDK120-02、IDK120-03，飞行速度一般不高于 4m/s；喷洒杀虫杀菌剂时可以使用普通的 ST110-01、ST110-02 等喷头，每亩施药量一般在 1～2L；在飞机有效喷幅内，尽量降低飞机高度，可以有效减少飘移，作业高度以 1.5～2m 为宜，保持雾滴沉积分布变异性低于 40%。

（六）全程智能化管理

无人机在播种、施肥、施药环节，以智能无人机平台为基础，通过一体化集成控制板的程序和地面站的 APP 相连接，可以实现直接设定作业过程中亩用量，就能自动匹配排种速度，增加校准功能保证作业的精量化。在作业必须要保证作业精度在厘米级，作业航偏移在 0.4m 内，航点到达精度 0.5m 内。采用千寻网络版或基站版 RTK 均可达到标准，并且基站版结合高精度定位板卡技术，搭载移动基站发送相对高精度差分信号，弥补丢失千寻网络时定位无法高精度踩点及地块复用问题。

三、技术示范推广情况

（一）技术示范推广情况

水稻种肥药无人机全程管理综合技术自 2018 年始，在安徽、江苏、湖南等水稻主产区开始推广示范，至今已经推广应用 2 000hm²。

（二）技术推广应用成效

传统水稻栽培模式中，无论是直播机还是插秧机，作业过程对土壤层均匀破坏，并且在南方地面机械下陷深，不能使用地面机械进行作业。而采用一个无人机智能控制平台，加播种、施肥、施药快速更换装置，可以有效解决这个问题，通过该项技术实现减少农机投入 60%，可以无视地形，在下陷深地块、山区丘陵均可作业；播种过程减少机械损伤可节省水稻种子 5%，分蘖和拔节期总施肥量减少 10%，施药环节可以节省施药量 90%，播种施肥施药三个环节连续多年实际生产数据表明，节省人工投入 50%；并且通过卫星定位技术，该项技术可以在夜间进行应用，大大提高了作业速度，该项技术应用播种密度大、群体优势明显，能够显著减少装备成本、人工成本，易于同大数据、物联网系统匹配，根据表型信息实现精准施肥、施药，利用实现无人智能化作业。

四、未来推广应用的适宜区域、前景预测和注意事项

（一）未来推广应用的适宜区域

水稻无人机种肥药全程智能管理技术与模式适合适于水稻直播品种，在黄淮海流域适合推广。丘陵山区同样适合该技术模式，未来智能化提高，可以同时控制多架飞机进行作业，极大减少劳动力投入。

（二）未来推广前景预测

据不完全统计，我国直播稻面积超过 400 万 hm²。由于目前植保无人机已经成为水稻中后期病虫害防治主要作业机具，在此基础上将农药喷洒装置更换为颗粒抛撒装置便可实现无人机播种和施肥，即可应用水稻种肥药无人机全程管理综合技术。由于该技术能够显著减少劳动力成本和增加产量，预计未来 5 年随着该项技术的愈加成熟，将有 50% 以上直播稻种植区采用该技术，推广面积预计可达 200 万 hm²。

（三）技术推广过程注意事项

需要注意的是，水稻单位面积播种量需要根据当地土肥条件以及种植品种进行相

应调整。无人机操控，需严格按照操作程序和国家相关政策，避免在敏感区域、恶劣条件下违规作业，以确保人身和机体安全。

技术负责人和依托单位

单位名称：中国农业大学科学技术发展研究院

联系人：李红军

联系电话：010-63731446

电子邮箱：lhj@cau.edu.cn

联系地址：北京市海淀区圆明园西路2号

技术单位：中国农业大学

负责人：何雄奎

联系电话：010-62732830

电子邮箱：xiongkui@cau.edu.cn

联系地址：北京市海淀区圆明园西路2号